日本のワイン法

蛯原 健介

虹有社

日本のワイン法　目次

はじめに

「国産ワイン」から「日本ワイン」へ

人類が初めてワインを造ったのは、コーカサス地方のジョージア、以前の国名でいえばグルジアだといわれています。今からおよそ８０００年も前のことだそうです。その後、ワイン造りはヨーロッパに広がり、フランス、イタリア、スペインといった地中海沿岸の国々がワインの大産地となりました。20世紀後半になると、ワイン業界で「ニューワールド」、あるいは、「新世界」と呼ばれている国々でも盛んにワインが造られるようになります。チリ、アルゼンチン、オーストラリア、ニュージーランド、アメリカ、南アフリカといった国です。

日本でも、明治時代、あるいはそれ以前からワインが造られていますが、一部のワインを除けば、あまり語られることのないマイナーな存在にとどまっていました。品質面でも、同価格帯の輸入ワインと比べるとかなり見劣りする状況でした。日本で造られたワインが国内外で注目を集めるようになったのは、この20年足らずのことです。

日本で造られるワインは、これまで一般に「国産ワイン」と呼ばれてきました。しかし、「国産」というのは、少々曖昧な言葉で、誤解を招く可能性もあります。例として、「国産腕時計」を考えてみましょう。最終組み立て工場が日本国内にあれば、一応「国産」を謳うことができますが、腕時計に用いられているさまざまなパーツは海外で製造されたものであったり、海外から輸入した素材を使ったりしていることが少なくありません。

「国産ビール」も同じです。以前は日本の原料を使ったものが多かったようですが、最近は、ほとんどが輸入原料です。日本のビールメーカーが国内のビール工場で製造したものであれば、輸入原料を使っていても「国産ビール」なのです。じつは「国産ワイン」も、これと同じ感覚で使われてきた言葉でした。

おそらく多くの人は「国産ワイン」と聞いて、日本のぶどうを使ったワインを思い浮かべるのではないでしょうか。しかし、実態は違っていました。

そもそも法律上「国産ワイン」が定義されていたわけではありません。日本のワイナリーが集まってできた業界団体が中心となって、ワインの表示に関する自主基準を作り、その中に、「国産ワイン」の定義が置かれていました。それが１９８６年に制定された「国産ワインの表示に関する基準」という業界団体の自主基準です（当初は「国産果実酒の表示に関する基準」）。そこには、次のような「国産ワイン」の定義がありました。

「国産ワイン」とは、次に掲げるものをいう。

イ　酒税法（昭和28年法律第6号）第3条（その他の用語の定義）第13号に規定する果実酒のうち、原料として使用した果実の全部又は一部がぶどうである果実酒（以下「ワイン」という。）で、かつ、日本国内で製造したもの

ロ　イの酒類に本条（3）に規定する輸入ワインを混和したもの

「イ」の酒税法の規定については、後ほど本文で詳しく触れることにしますが、ここで注目してほしいのは、「日本国内で製造したもの」であることが「国産ワイン」の要件とされている一方で、原料の「ぶどう」が日本国内で生産されたものであるかどうかについては、何も触れられていない点です。しかも、「輸入ワインを混和したもの」であっても、「国産ワイン」に含まれる可能性のあることが、「ロ」の文言からわかります。

したがって、輸入原料100パーセントであったとしても、一部でも「ぶどう」を原料とし、日本国内で製造された果実酒であれば、少なくとも業界の自主基準上は、「国産ワイン」を名乗ることに何ら問題はなかったのです。しかし、これでは、消費者の認識とは大きく食い違ってしまいます。

そうした状況の中、2000年代になってから、「国産ワイン」とは意識的に区別された形で、「日本ワイン」や「純国産ワイン」という呼び方が広まりました。メディアや出版物でも「日本ワイン」という用語が使われるようになります。「国産ワイン」と「日本ワイン」。素人からすれば、どちらも同じような気がするかもしれません。いったい何が違うのでしょうか。

「国産ワイン」も「日本ワイン」も、日本国内で製造されたワインである点では変わりはありません。しかし、決定的に異なるのは、その原料です。「国産ワイン」には、輸入原料を用いたワインも含まれますが、「日本ワイン」とは、日本で収穫されたぶどうのみを使っているワインのこと。輸入原料を使って、日本国内で製造されたワインは、「国産ワイン」ではあっても「日本ワイン」とはいえません。

ところが、このような区別が定着し、「日本ワイン」という呼び方が消費者の間で浸透しても、明確な定義は定められていませんでした。酒販店やスーパーの「日本ワイン」コーナーには、国内のワインメーカーが取り扱っている、輸入原料を使った「国産ワイン」が堂々と置いてある、ということもありました。法律にもとづく定義が存在しない以上、輸入原料を使った「国産ワイン」を「日本ワイン」と称して販売する行為を取り締まることはできません。かといって、チリ産の原料を使った「国産ワイン」をチリワインのコーナーに置くのも問題です。そこで、2015年になって、日本においてもワインの表示に関する法律上のルールが作られ、法律に根拠をもつ「日本ワイン」の定義が設けられることになりました。

本書は、２０１５年以降、国税庁を中心に進められた法整備について、これまでの酒類関係法や、先に触れた業界団体の自主基準とも比較しながら検討し、いわば「日本のワイン法」の体系を明らかにしようという試みです。この法整備の主眼は、日本ワインの定義をはじめとするラベル表示の基準の策定でした。ラベルに書かれている情報は、ワインの生産や販売にかかわる事業者はもちろんのこと、私たち消費者にとっても、ワイン選択の上でとても重要な意味をもちますが、それらの情報のほとんどが、２０１５年以前は業界団体の自主基準にゆだねられていたのです。

本書では、さまざまなラベル表示事項のうち、とくに地名の表示について多くのページを割いています。これまでの自主基準と比べて地名表示のルールが大幅に厳格化されたことや、ワインにおいて産地がもつ重要性がその理由です。また、国税庁の表示基準にもとづく一般の地名表示と、特別なルールに服する**地理的表示（GI）**との違いにも留意する必要があります。地理的表示は、たんなる地名表示とは異なり、ワインの品質にもかかわってきます。産地ごとに決められた生産基準を満たしたワインでなければ、地理的表示を使用することができないのです。国税庁の定めた地名表示のルールが厳格だとはいっても、それだけでは十分ではありません。ワイン産地のブランド力を強化し、名声を維持していくためには、EU諸国のように、日本でも地理的表示制度を積極的に活用しなければならないことを、本書を通して、読者のみなさんに理解していただきたいと願っています。

第1章　酒類関連法とワイン業界の自主基準

第1章

酒類関連法とワイン業界の自主基準

「ワイン法」とは何か?

そもそも「ワイン法」とは、どのような法なのでしょうか。日本の法律用語辞典を見ても、ワイン法についてはまったく触れられていません。海外でも、「ワイン」についての定義はあっても、「ワイン法」とは何かについて、明確な定義を見つけることは容易ではありません。

「ワイン法」というからには、ワインがその対象であることには間違いないでしょう。一般的には、ワインの製造、販売、消費、そして、場合によっては、国境を越えたワインの輸出・輸入にかかわる法的なルールがワイン法の主要な内容として論じられているようです。しかし、「ワインの製造」は、醸造だけではありません。原料のぶどうの栽培、そのための農地や苗木の確保など、法律にかかわる事項は多々あります。

ワインの販売では、そのラベルに記載されている情報がきわめて重要な意味をもちます。生産者、銘柄、産地、ぶどう品種、年号のほか、「酸化防止剤無添加」や「有機」といった情報を重視する消費者もいます。これらの情報に偽りがあってならないのは当然のことですが、なかなか難しいのが地名の表示です。

ここで「ボルドーワイン」と呼ばれているワインを例に考えてみましょう。いうまでもなくフランスの銘醸地のひとつ、ボルドーで造られたワインのことです。しかし、ただボルドーで造るだけでは「ボルドーワイン」と名乗ることができません。以前は、周辺の県、あるいは、はるばるスペインからボルドーに運び込まれたワインにボルドーのラベルを貼って売られることもあったそうですが、もちろん現在では、そのような行為は認められていません。「ボルドー」と名乗るためには、決められた範囲で収穫されたぶどうを原料とすることが必要です。

ぶどうにはさまざまな種類のものがありますが、どの品種のぶどうを使っても「ボルドー」を名乗ることができるわけではありません。伝統的にボルドーで栽培されてきた、特定のワイン用品種のみです。赤ワイン用であればカベルネ・ソーヴィニヨンやメルロ、白ワイン用であればソーヴィニヨン・ブランなどがそうです。さらに、高品質のワインを造るには、ある程度、ぶどうの収穫量を制限する必要があるため、1ヘクタールあたりの収量の上限が定められています。ほかにも、アルコール濃度、果汁の糖度、栽培・醸造方法に関する詳細な基準も定められていて、それらの基準を満たしたワインだけが「ボルドー」という産地名をラベルに表示することができるのです。

　このような厳格な産地表示のルールは、フランスのみならず、今や多くの国で導入されています。「**原産地呼称制度**」、あるいは、「**地理的表示制度**」と呼ばれているものです。フランスでこの制度が導入されたのは1935年。「**AOC**《アーオーセー》（アペラシオン・ドリジーヌ・コントロレ）[*1]」制度として知られています。

　ワインの産地表示のルールは、ワイン法の根幹部分といってもよいかもしれません。なぜなら、ワインほど産地によって価格や品質が異なる産品はないからです。シャルドネという世界各地で栽培されている白ワイン用のぶどう品種があります。日本でも、北海道から九州まで、全国各地で栽培されているとてもポピュラーな品種です。しかし、同じシャルドネのワインでも、チリ産の安いものは1本1000円以下で売られているものがある一方、ブルゴーニュの有名産地を名乗るシャルドネのワインになると、1本数万円で売られていたりします。同じ品種のワインで

＊1　AOC（アペラシオン・ドリジーヌ・コントロレ）：Appellation d'Origine Contrôlée（原産地呼称統制または統制原産地呼称と訳されている）。

も、産地が違うだけで、10倍も、20倍もする値段になるのです。
もし、産地表示のルールがなければ、勝手に偽りの産地を名乗る業者が出てきて、消費者は騙されてしまうかもしれません。せっかく築き上げた有名産地の社会的評価も、粗悪なまがい物の流通によって害されることになるでしょう。フランスのＡＯＣ制度は、そのような行為を防ぎ、有名産地のブランドを守るために導入されたものでした。

昔からワインは国境を越えて取引きされる産品でしたが、半世紀ほど前から、ワインのグローバル化が急激に進行しています。ヨーロッパだけでなく、南半球や北米の生産国、あるいは、日本やアジアの国々でも本格的にワインが生産されるようになり、多くのワインが輸出されています。しかし、各国で異なるワイン法が貿易の妨げになることも少なくありません。そこで、ワインに課される関税の撤廃や引き下げとともに、ワインに関するルールや基準を各国で調和させよう（ハーモナイゼーション）という動きが見られるようになってきました。また、輸出先ではワインの産地ブランドが侵害されるおそれもあることから、二国間・多国間協定などによってワインの原産地呼称・地理的表示を国際的に保護する必要性が高まっています。このようにワインがグローバル化する中、ワイン法の対象となる領域も広がっているのです。

ワインに関する法律

日本にはワインのみを対象とする法律*2はありませんが、酒類一般に関する法律としては、**酒税法**（昭和28年法律第6号）と**酒税の保全及び酒類業組合等に関する法律**（昭和28年法律第7号。一般には「**酒類業組合法**」と呼ばれています）という法律があります。ワインの製造や販売については酒税法が、ワインの表示については酒類業組合法がかかわってきます。

酒税法は、その名のとおり、本来は国税のひとつである酒税の賦課・徴収について定めた法律です。酒税法には、課税物件である酒類の定義、分類、製造免許、販売業免許、酒税の課税標準、酒税の税率、申告や納付の手続きについて規定されています。日本国内でワインを造るためには、酒税法にもとづき製造免許を受ける必要があり、ワインを販売するためには、販売業免許が必要になります。

もうひとつの、酒類業組合法は、どのような法律なのでしょうか。酒税法はともかく、酒類業組合法というのは、その存在すら知らない人も多いかもしれません。この法律の目的は、第一条で、「酒税の保全及び酒類業界の安定のため、酒類業者

*2　法律：法形式のひとつで、原則として衆参両議院の議決を経て成立する。

が組合を設立して酒税の保全に協力し、及び共同の利益を増進する事業を行うことができることとするとともに、政府が酒類業者等に対して必要な措置を講ずることができるようにし、もつて酒税の確保及び酒類の取引の安定を図ること」にあるとされています。

酒類の取引に関して、酒類業組合法では、「財務大臣は、酒税の保全及び酒類の取引の円滑な運行を図るため、酒類に関する公正な取引につき、酒類製造業者又は酒類販売業者が遵守すべき必要な基準」を定める（第86条の3）としており、これにもとづいて、「**酒類の公正な取引に関する基準を定める件**」（平成29年国税庁告示第2号）が告示されています。

この酒類業組合法は、次章以下で詳しく見るように、ワインを含む酒類の表示規制の根拠規定となっています。第86条の5では、「酒類製造業者又は酒類販売業者は、政令で定めるところにより、酒類の品目その他の政令で定める事項を、容易に識別することができる方法で……酒類の容器又は包装の見やすい所に表示しなければならない」とし、一定の事項の表示が義務付けられています。ワインのラベルに記載されている「果実酒」という品目名は、この規定によって表示が義務付けられているものです。

さらに、第86条の6第1項は、「財務大臣は、前条に規定するもののほか、酒類の取引の円滑な運行及び消費者の利益に資するため酒類の表示の適正化を図る必要があると認めるときは、酒類の製法、品質その他の政令で定める事項の表示につき、酒類製造業者又は酒類販売業者が遵守すべき必要な基準を定めることができる」と定めています。この規定を根拠に、これまでに、「**清酒の製法品質表示基準を定める件**」（平成元年国税庁告示第8号）、「**二十歳未満の者の飲酒防止に関する表示基準を定める件**」（平成元年国税庁告示第9号）、「**地理的表示に関する表示基準を定める件**」（平成6年国税庁告示第4号。現在は廃止）、「**酒類における有機の表示基準を定める件**」（平成12年国税庁告示第7号）が告示されています。

これらの法律や国税庁の基準は強制力をもつもので、国内のすべての生産者や販売業者に適用されます。しかし、消費者がワインを選択するうえできわめて重要視される情報である、産地、ぶどう品種、年号といった事項の表示については、法律にもとづく規定は存在しませんでした。業界団体の自主基準「**国産ワインの表示に関する基準**」（昭和61年12月23日制定）にゆだねられていたのです。

ワインの定義

日本では、酒税法によってワイン造りが統制されていますが、じつは、酒税法はワインそのものを定義していません。酒税法に登場するのは、「ワイン」ではなく、「**果実酒**」あるいは「**甘味果実酒**」という品目です。

海外では、法律などによってワインが定義されています。ワインの生産・消費においてつねに重要な位置を占めてきたEUでは、ワイン法によって明確な定義が置かれています。それによると、ワインとは、「破砕された、もしくは、破砕されていない新鮮なぶどう、またはぶどう果汁を部分的または完全にアルコール発酵させて生産されたもの」であって、アルコール度は、EU内のワイン産地ゾーンに応じて、原則として８・５パーセント以上、または、９パーセント以上でなければならず、総酸度も酒石酸換算で１リットルあたり３・５グラム以上と定められています（欧州議会および理事会規則１３０８-２０１３号）。この定義に合致しない商品は、EU産のものであろうと、EU域外から輸入されたものであろうと、ワインとして販売することはできないのです。

オーストラリアやアメリカ合衆国など新世界の生産国にもワインの法的な定義があります。オーストラリアのワイン法に相当する「オーストラリアワイン・ブランデー公社法」によると、ワインとは「新鮮なぶどうもしくは新鮮なぶどうのみによって造られる産品の完全なあるいは部分的な発酵によるアルコール飲料」と定義されています。また、ワインの国際機関であるＯＩＶ[*3]（国際ぶどう・ワイン機構）の「国際醸造規範」では、「ワインとは、破砕された、もしくは、破砕されていない新鮮なぶどう、またはぶどう果汁を部分的または完全にアルコール発酵させて生産された飲料のみをいう。その既得アルコール濃度は、８・５パーセントを下回ってはならない」と定められており、ＥＵ法とほぼ同じ定義が置かれています。

では、日本の定義はどうなっているのでしょうか。

「果実酒」の定義

一般にワインは、酒税法にいう「**果実酒**」に該当します。

酒税法は、「アルコール分一度以上の飲料」を「酒類」とし、これを「発泡性酒類」、「醸造酒類」、「蒸留酒類」、「混成酒類」の4種類に分類しています。果実酒は、このうちの「醸造酒類」に含まれます。

酒税法第3条第13号では、果実酒は、以下のように定義されています。

＊3　OIV：Organisation Internationale de la Vigne et du Vin

次に掲げる酒類でアルコール分が二十度未満のもの（ロからニまでに掲げるものについては、アルコール分が十五度以上のものその他政令で定めるものを除く。）をいう。

イ　果実又は果実及び水を原料として発酵させたもの

ロ　果実又は果実及び水に糖類（政令で定めるものに限る。ハ及びニにおいて同じ。）を加えて発酵させたもの

ハ　イ又はロに掲げる酒類に糖類を加えて発酵させたもの

ニ　イからハまでに掲げる酒類にブランデー、アルコール若しくは政令で定めるスピリッツ（以下この号並びに次号ハ及びニにおいて「ブランデー等」という。）又は糖類、香味料若しくは水を加えたもの（ブランデー等を加えたものについては、当該ブランデー等のアルコール分の総量（既に加えたブランデー等があるときは、そのブランデー等のアルコール分の総量を加えた数量。同号ハにおいて同じ。）が当該ブランデー等を加えた後の酒類のアルコール分の総量の百分の十を超えないものに限る。）

ホ　イからニまでに掲げる酒類に政令で定める植物を浸してその成分を浸出させたもの

果実酒というからには、原料に「果実」が含まれていなければなりません。しかし、その「果実」には、ぶどう以外にも、りんご、うめ、もも、みかん、メロンなど、さまざまな種類の果実が含まれます。しかも、その果実は新鮮なものでなくてもよいことになっていて、法令解釈通達*4「**酒税法及び酒類行政関係法令等解釈通達**」（平成11年6月25日）の第2編第3条「その他の用語の定義」によると、原料となる「果実」には、「果実を乾燥させたもの、果実を煮つめたもの、濃縮させた果汁又は果実の搾りかすを含む」とされています。実際に、これまで日本国内で製造されてきたワインの多くは、「濃縮させた果汁」を原料にしていました。

果実酒の製造では、「糖類」を加えて発酵させたり、「ブランデー、アルコール若しくは政令で定めるスピリッツ」、「香味料」、「水」を加えることが認められています。加えることが政令で認められている「糖類」とは、砂糖、ぶどう糖、果糖です。また、「政令で定めるスピリッツ」とは、「果実又は果実及び水を原料として発酵させたアルコール含有物を蒸留したスピリッツ」とされています（酒税法施行令*5第7条第2項・第3項）。

酒税法施行令第7条第1項によると次のような酒類は果実酒には該当しません。

＊4　法令解釈通達：各大臣、各委員会・各庁の長がその所掌事務に関して、所管の諸機関や職員に示達する形式の一種で、法令の解釈や運用方針にかかわる。形式上は国民や裁判所を直接拘束するものではないが、法令の有権解釈として行政実務上重要な位置を占めている。

＊5　施行令：法律に付属し、その施行に必要な細則や、その委任に基づく事項などを定める政令。

一　果実（果実を乾燥させ、若しくは煮つめたもの又は濃縮させた果汁を含み、なつめやしの実を除く。以下この条において同じ。）又は果実及び水に糖類を加えて発酵させた酒類のうち、当該加えた糖類の重量（糖類を転化糖として換算した場合の重量をいう。以下この号及び次号において同じ。）が果実に含有される糖類の重量を超えるもの

二　法第三条第十三号イ又はロに掲げる酒類に糖類を加えて発酵させた酒類のうち、当該加えた糖類の重量（同号ロに掲げる酒類に糖類を加えて発酵させたものにあつては、当該酒類の原料として加えた糖類の重量を加えた重量）が同号イ又はロに掲げる酒類の原料となつた果実に含有される糖類の重量を超えるもの

三　法第三条第十三号イからハまでに掲げる酒類にブランデー等（同号ニに規定するブランデー等をいう。）又は糖類、香味料若しくは水を加えた酒類（以下この号において「ブランデー等混和酒類」という。）のうち、当該加えた糖類の重量が当該ブランデー等混和酒類の重量の百分の十を超えるもの

大量に補糖した結果、「加えた糖類の重量」が「果実に含有される糖類の重量を超え」てしまった場合や、甘味化などにより、「加えた糖類の重量が当該ブランデー等混和酒類の重量の百分の十を超えるもの」については、果実酒ではなく、「甘味果実酒」に該当することになります。

なお、ここには記載されていないもので、「酒類の原料として取り扱わない」こととし、一定の条件下で使用が認められている物品があります。たとえば、「発酵を助成促進し又は製造上の不測の危険を防止する等専ら製造の健全を期する目的」で、「酸類（乳酸（乳酸菌を含む。）、りん酸、りんご酸、無水亜硫酸、酒石酸）」、「除酸剤（炭酸カルシウム、アンモニア）」、「酸素、炭酸ガス（二酸化炭素）」などといった物品を、製造工程中、「必要最少限」で加えることが認められています＊6。

日本ワインについては、別個、原料や製法に関する基準が定められていますので、次章で確認することにしましょう。

「甘味果実酒」の定義

果実酒の定義に該当しないものは、酒税法第3条第14号にいう「**甘味果実酒**」となります。酒税法上、果実酒は「醸造酒類」ですが、甘味果実酒は「混成酒類」の

＊6 法令解釈通達「酒税法及び酒類行政関係法令等解釈通達」（平成11年6月25日）の第2編第3条「その他の用語の定義」

位置付けになっていて、果実酒よりも税率が高くなります。
甘味果実酒は、次のように定義されています。

次に掲げる酒類で果実酒以外のものをいう。
イ　果実又は果実及び水に糖類を加えて発酵させたもの
ロ　前号イ若しくはロに掲げる酒類又はイに掲げる酒類に糖類を加えて発酵させたもの
ハ　前号イからハまでに掲げる酒類又はイ若しくはロに掲げる酒類にブランデー等又は糖類、香味料、色素若しくは水を加えたもの（ブランデー等を加えたものについては、当該ブランデー等のアルコール分の総量が当該ブランデー等を加えた後の酒類のアルコール分の総量の百分の九十を超えないものに限る。ニにおいて同じ。）
ニ　果実酒又はイからハまでに掲げる酒類に植物を浸してその成分を浸出させたもの若しくは薬剤を加えたもの又はこれらの酒類にブランデー等、糖類、香味料、色素若しくは水を加えたものここで「前号」と書かれているのは、酒税法第3条第13号、つまり果実酒の規定です。

海外では、低コストでワインに樽の香りをつけるために、高価な木樽を使う代わりに、オークチップを使うことがあります。従来は、こうしたオークチップを使用すると、甘味果実酒の定義にいう「ニ」の「酒類に植物を浸してその成分を浸出させたもの」に該当することになり、高い酒税が課されました。

しかし2018年4月の酒税法改正で、酒税法第3条第13号に規定される果実酒の定義に「ホ　イからニまでに掲げる酒類に政令で定める植物を浸してその成分を浸出させたもの」が追加されました。この「政令で定める植物」とは、酒税法施行令第7条第4項によると、「オーク（チップ状又は小片状のものに限る。）」のことで、さらに、法令解釈通達（第2編第3条）は、「オーク」とは、「ブナ科コナラ属の植物をいう」と定義しています。こうして現在では、オークチップを使用したワインは、甘味果実酒ではなく、果実酒に含まれることになりました。もちろん、通常の木樽を使ったワインも、果実酒に含まれます。

ワイン造りには免許が必要

ワインを造るには**酒類製造免許**が必要です。ワインを造ろうとする人は、製造場（ワイナリー）ごとに所轄税務署長の免許を受けなければなりません。

免許は、行政上の特別の必要性にもとづいて、法律をもって一般に禁止している行為を、特定の要件を備えた人（法人）に限って解除するものです。その効力は、その免許を受けた人（法人）に限って生じ、かつ、免許を受けた製造場に限って生じます。他の場所には、免許の効力は及びません。もし、ワイナリーを移転する場合には、移転先を定めて、移転の許可を受けることが必要です。

さらに、酒類の製造免許は、品目ごとに分かれていて、品目ごとに免許を受けなければなりません。ワインの製造には果実酒の製造免許が必要で、他の品目の免許では、果実酒を製造することはできません。

どうして、酒税法は免許制度を採用しているのでしょうか。一般には、次のように説明されています。

「第一に、酒類に課される酒税が高率で、その税収入は国税収入の中でも重要な位置にあり、その収入は国家財政に重要な影響を及ぼします。そこで、酒税の適正かつ確実な課税を実現するために、酒類製造者の濫立を防止し、間接税としての酒税の転嫁を容易にし、検査取り締まりを十分に行うことができる状態に置くことが必要です。第二に、酒類の品質についても、高率な課税に相応する品質を保持し、国民の保健衛生上の見地からも監督の徹底を期する必要があります」(『平成30年版改正酒税法等の手引』宮葉敏之編　大蔵財務協会　2018年)

海外では、自分で消費するためであればワインを造ることを認めている国もあります。しかし、日本では、自己消費用の醸造もすべて禁止されており、免許を受けなければ、一切酒類を製造することができません。

酒税法第7条第1項は、

酒類を製造しようとする者は、政令で定める手続により、製造しようとする酒類の品目(第三条第七号から第二十三号までに掲げる酒類の区分をいう。以下同じ。)別に、製造場ごとに、その製造場の所在地の所轄税務署長の免許(以下「製造免許」という。)を受けなければならない。

と規定しています。もし、免許を受けることなく酒類を製造すると、酒税法第54条第1項により「十年以下の懲役又は百万円以下の罰金」に処されることになります。また、ワインの密造に「着手してこれを遂げない者」についても同様です（第54条第２項）。

果実酒の製造免許

では、免許をとれば自家醸造できるのでしょうか。残念ながら、それも日本では困難です。個人が自己消費のためにワインを造るのでは、免許を出してもらえないのです。

酒税法第７条第２項は、製造免許を受けるための要件として、次のように、１年間の最低製造数量（法定製造数量）を定めています。

酒類の製造免許は、一の製造場において製造免許を受けた後一年間に製造しようとする酒類の見込数量が当該酒類につき次に定める数量に達しない場合には、受けることができない。
一　清酒　六十キロリットル
二　合成清酒　六十キロリットル
三　連続式蒸留焼酎　六十キロリットル

ぶどうがあればワインを造れるが、日本では免許が必要

四　単式蒸留焼酎　十キロリットル
五　みりん　十キロリットル
六　ビール　六十キロリットル
七　果実酒　六キロリットル
八　甘味果実酒　六キロリットル
九　ウイスキー　六キロリットル
十　ブランデー　六キロリットル　（以下略）

この規定を見ると、清酒やビールは60キロリットル、果実酒や甘味果実酒は6キロリットルが年間最低製造数量と定められています。6リットルの間違いではなく、6キロリットル、つまり6000リットルです。清酒やビールより少ないとはいえ、750ミリリットルのボトル換算で、8000本以上のワインを毎年造り続ける見込みがなければ、そもそも製造免許を受けることができないのです。なお、同一の製造場において、果実酒と甘味果実酒を製造する場合には、これらを合算して6キロリットルでよいとされています。また、果実酒の原料には、ぶどう以外の果実を使用することも可能ですし、「日本ワイン」を名乗ることはできませんが、輸入原料を使うこともできます。しかし、いずれにしても、自己消費用のワイン造りは、日本国内では現実的に不可能だといわなければなりません。

どうしてこのような法定製造数量の規制が存在するのでしょうか。一般に、その趣旨は、次のように説明されています。

「酒類の製造数量に最低の限度（法定製造数量）がない場合には、弱小の酒類製造者が濫立し、その結果、①限度を超えた販売競争によって業界の安定を欠き、ひいては酒税の保全に支障をきたす、②酒税の取締りに多くの労力やコストがかかる、といった事態を生じさせるおそれが強まります。これを未然に防止するため、酒類の製造免許は、一般に採算のとれる程度の経営規模の者に限り受けることができる仕組みとなっている、というのです」（『図解酒税・令和元年版』富川泰敬著　大蔵財務協会　２０１９年）

委託醸造という方法

何年かぶどうを栽培してみて、幸運にも、ワインになりそうな量が収穫できたらどうしたらよいのでしょうか。よくあるのが、免許をもっているワイナリーに醸造を委託するという方法です。ただし、引き受けてくれるワイナリーは多くはないかもしれません。また、委託の費用は1本あたり千数百円するという話も聞きます。そのため、委託醸造のワインは、どうしても高くなりがちです。それでも人気のあるぶどう農家のワインは、すぐに売れてしまって、なかなか手に入りません。

北海道や長野県では、もっぱらワイン用ぶどうの栽培に取り組んでいる農家や、新規就農者が増えているそうです。そうした農家の中には、将来的には製造免許を取得して、委託醸造ではなく、みずから醸造を行うことを考えている人も少なくありません。

ワイン特区

前述のように、ワインの製造免許を取得するためには、毎年、最低でも6000リットル以上のワインを製造できる見込みがなければなりません。しかし、それは原則であって、例外的にその要件が緩和される場合があります。

構造改革特別区域法（いわゆる「特区法」）では、「酒税法の特例」が設けられて

熊本県天草市高浜地区では各家庭の軒先や庭先でぶどう（甲州種）が栽培されているが、山梨県内のワイナリーが委託醸造を行っている

おり、特区内に所在する製造場において、ワインを製造する場合には、法定製造数量の要件が緩和されます。この特区には、２つの類型があります。

第一の類型は、農家民宿や農園レストランなど「酒類を自己の営業場において飲用に供する業」を営んでいる農業者（特定農業者）が、果実酒を製造しようとする場合に認められる例外です。その果実酒は、みずからが「生産」した果実を原料としたものでなければなりません（なお、「生産」とは、栽培などの人為的な作業をともなう行為をいい、自生している果実を採取する行為は含まれません）。しかし、この場合には、法定製造数量の要件が完全に免除され、ボトル1本分の量でも製造が認められることになります。たとえば、青森県弘前市は「弘前ハウスワイン特区」に認定されており、実際に、同市のイタリアンレストランの経営者がみずからぶどうを栽培し、ワインを醸造しているそうです。

特区法にもとづき特定農業者が製造した果実酒は、特区内に所在する自己が営業する民宿・レストランなどの営業場、またはその果実酒を製造した製造場において「飲用」に供することができます。しかし、これらの営業場または製造場において、「飲用」に供する以外の方法で「販売」することはできません。また、これら以外の場所では、「飲用」に供することを含め一切の「販売」ができません。ここでの「販売」というのは、販売代金などの名目を問わず、対価を得て行われる譲渡のことで、民宿の宿泊客に対してお土産として無償で提供することは可能です。

第二の類型は、特区内で生産された果実を原料として果実酒（特産果実酒）を製造しようとする場合に認められる例外です。ただし、その原料は、当該地方公共団体の長が地域の特産物として指定したものに限られ、また、最低でも毎年2000リットル以上の果実酒を製造できる見込みがなければなりません。第一の例外のように、ボトル1本でもよいというわけではないのです。しかし、通常6000リットルの法定製造数量の要件が、3分の1の2000リットルに引き下げられるのは、新規参入者にとっては大変好都合です。万一、ぶどうの病気や天候不順などによって収穫量が激減しても、特区ではない場合に比べると、免許を取り消されるリスクは、はるかに低いからです。

この第二の類型の特区には、多くの自治体が認定されています。北海道余市町、長野県塩尻市、長野県高山村などが有名です。また、ひとつの自治体だけでなく、複数の市町村が一括して特区に認定される広域特区も生まれています。長野県では、2015年に最初の広域特区として「千曲川ワインバレー（東地区）特区」が誕生。長野県上田市、小諸市、千曲市、東御《とうみ》市、立科町、青木村、長和町、坂城町の８自治体が認定されました。さらに、２０１８年には「北アルプス・安曇野ワインバレー特区」に長野県大町市、安曇野市、池田町の３自治体が認定されています。このほか、鳥取県では、２０１７年に、倉吉市、湯梨浜町、北栄町が「倉吉・湯梨浜・北栄ワイン特区」として認定されています。単一の市町村の特区の場合には、その市町村内で収穫されたぶどうしか使うことができませんが、広域特区では、複数の市町村に分散している畑をもつぶどう農家であっても、製造免許を取得することが可能になります。

何が足りなかったのか？

たしかに酒税法は、ワインをはじめとする酒類の製造や販売を法的に統制しています。しかし、前述のように、そもそも「ワインとは何か」という法律上の定義は存在せず、ぶどう以外の果実（みかん、りんご、メロンなど）を使用した「フルーツワイン」をワインと誤解して買ってしまう消費者もいました。実際には輸入原料しか使っていないワインが堂々と「国産ワイン」として売られていることもありました。

「北アルプス・安曇野ワインバレー特区」に認定された長野県池田町のぶどう畑

産地、品種、年号の表示についても、法律にもとづくルールはなく、業界団体の自主基準に委ねられていました。以前のラベル表示には、消費者が誤解しかねないものも少なくありませんでした。とくに地名の表示がそうです。観光地で販売されていた「お土産ワイン」の多くは、その観光地の地名を表示していながら、まったく別の場所で製造されたワインであったり、輸入原料を使ったものでした。

ワインに関する法整備の遅れが、日本ワインの輸出のネックになることもありました。業界団体の自主基準で、品種名や収穫年の表示ルールが定められていましたが、ＥＵなど多くの生産国のワイン法に定められている基準とは一致していませんでした。たとえば、２０１９年の年号を表示する場合、ＥＵなどのワイン法では、２０１９年に収穫されたぶどうを85パーセント以上使用することが条件となっていましたが、日本の自主基準では、75パーセント以上でよいとされていたのです。同様に、「カベルネ・ソーヴィニヨン」という品種名を表示するには、ＥＵではその品種を85パーセント以上使用することが必要ですが、日本の自主基準では、75パーセント以上使用されていればよかったのです。

そもそもＥＵでは、ＯＩＶなどの国際機関によって認められた品種でなければ、その品種名をラベルに表示することができません。ＥＵ産ワインはもちろんのこと、輸入ワインの場合も同様です。当初、ＥＵでは、日本を代表する品種である「甲州」の記載が認められていなかったため、ＯＩＶのリストに品種登録を依頼し、２０１０年にようやくその品種名を記載できるようになったのはワイン業界では有名な話です。

さらに、産地の表示についても、ＥＵでは、地理的表示に登録されている地名でなければ、ラベルには記載できないというのが原則です。したがって、日本の産地名を表示してＥＵに輸出するには、まず日本で地理的表示の指定を受ける必要がありました。

ところが、２０１５年以前は、酒類の地理的表示を保護する制度それ自体はあったものの、積極的に活用されているとは言い難い状況でした。ＷＴＯ（世界貿易機関）の発足にともない、１９９４年には、日本でもワインと蒸留酒の地理的表示保護制度が導入されましたが、実際に国税庁によって地理的表示に指定されたのは、いくつかの焼酎・泡盛の産地と清酒の産地のみ、という状況が長く続いていました。国内でも、そのような制度が存在することはほとんど知られていませんでした。

地理的表示が活用されなかったのは、その重要性が認識されていなかったことにも原因がありそうです。しかし、日本国内における酒類の消費が減少する中で、国内の酒類製造業者が、新たな市場を求めて海外に進出するようになると、ブランドの保護・強化の手段として地理的表示が注目されることとなります。ワインとして初めて、「山梨」が地理的表示の指定を受けるにいたった背景にも、こうした事情があったようです。

もっとも、2015年以前は、どのような要件を満たせば地理的表示の指定を受けることができるのかは、明らかではありませんでした。また、生産基準に記載されるべき事項も明示されてはいませんでした。地理的表示の指定にあたって、意見募集手続きも設けられておらず、ある日突然国税庁のウェブサイトに指定された事実が公表されるだけでした。指定される前に第三者が意見を述べることは不可能だったのです。

業界団体の自主基準とその限界

ワインのラベル表示に関する業界団体の自主基準が最初に制定されたのは、1980年代半ばでした。1985年、甘味とコクを帯びさせるために混入されたジエチレングリコール（DEG）が添加されたワインが海外から原料として輸入され、日本のワインメーカーの商品として販売される事件が起こりました。これがきっかけとなり、１９８６年に、日本ワイナリー協会および北海道・山形・長野・山梨各県のワイン生産者団体が中心となって「**国産果実酒の表示に関する基準**」が作られることになったのです。

当初、この基準では、日本国内で醸造されたワインは、輸入原料を用いたものであっても「国内産ワイン」の表示が認められ、さらに、輸入原料の使用量が50パーセント未満であれば、「国産」の表示ができるというものでした。この基準は、長らく維持されていましたが、２０００年代に入って日本ワインが注目されるようになってくると、国際的なルールと整合性がとれていないことが問題視されるようになります。

基準の改正は、消費者の視点に立った、わかりやすい基準が必要であるという基本方針にもとづいて進められました。そしてついに、２００６年に自主基準が改正され、「**国産ワインの表示に関する基準**」に名称が変更されました。この新しい基準では、日本国内で製造され、消費されるワインに関し、製造者名や原料（「国産ぶどう」、「輸入ぶどう」、「国産ぶどう果汁」、「輸入ぶどう果汁」、「輸入ワイン」など）の表示が義務付けられました。また、産地、品種、年号を表示する場合の基準も定められましたが、ＥＵのように85パーセント以上とするのではなく、産地、品種、年号のいずれについても、75パーセント以上でよいとされていました。

この基準を実際に運営するのは、道産ワイン懇談会、山形県ワイン酒造組合、山梨県ワイン酒造組合、長野県ワイン協会、日本ワイナリー協会で構成される「ワイン表示問題検討協議会」ですが、基準が改正されても、やはり業界団体の自主基準である以上、運用には大きな限界がありました。

基準の11条は、その運営について、以下のように定めています。


当協議会は、この基準の目的を達成するため、この基準の周知徹底、相談及び指導に努め、会員の製造する国産ワインの表示に関し、この基準に照らして問題となる事案が発生した場合には、当該会員に対し、当協議会名をもって問題の是正について注意を促すことができる。

この場合、必要に応じ関係官庁と協議する。


日本ワイナリー協会や、前述の生産者団体には、大手を中心に多くのワイナリーが加盟していますが、国内のすべての生産者が加盟しているわけではありません。

「会員の製造する国産ワイン」のみが対象となっている点で、自主基準には限界があります。そもそも会員以外の生産者は、基準の内容を知らない可能性があります。また、基準に違反する事案が生じても、「当該会員に対し、当協議会名をもって問題の是正について注意を促すことができる」にとどまります。自主基準である以上、罰則を設けることは困難だったのです。

山梨県甲州市と長野県の原産地呼称制度

業界自主基準による産地表示のルールとは別に、地方自治体レベルで、ワインの原産地や品質を保証する独自の制度が導入された事例もあります。

(1) 甲州市原産地呼称ワイン認証制度

ひとつは、山梨県甲州市の「甲州市原産地呼称ワイン認証制度」です。２００８年に甲州市原産地呼称ワイン認証条例が制定され、２０１０年から認証がはじまりました。

この制度は、甲州市内において自社醸造され、条例で定められた基準に適合するワインについて、市が原産地呼称ワインとして認証するものです。認証にあたって、圃場現地確認審査、書類審査、官能審査、その他市長が必要と認める審査が行われます。

条例には、原料ぶどうに関して、以下のような認証基準が定められています。

ア　山梨県産ぶどうであり、そのうち85パーセント以上が甲州市産ぶどうであること。

イ　品種は甲州種、欧州系醸造専用品種及び国内改良品種であること。

ウ　甲州種については、他品種とブレンドされたものでないこと。

エ　糖度は、甲州種については15度以上、欧州系醸造専用品種については18度以上、国内改良品種については17度以上（第9条に規定する審査会が気象条件等により必要があると認めた場合は、品種の全部又は一部について1度を減じた糖度以上）であること。

実際に審査を行うのは、「甲州市原産地呼称ワイン認証審査会」です。その審査員は、ぶどう栽培・ワイン醸造について識見を有する者、市内ぶどう生産者、市内ワイナリー、JAフルーツ山梨営農技術指導員の各代表者、ワイン醸造について識見

を有する者、ソムリエ、ワインアドバイザー、市内ワイナリーの各代表者によって構成されます。

市長は、審査の結果、基準に適合すると認めたときは、当該ワインを認証し、申請者には認証書が交付されます。認証を受けたワインには、認証シールを表ラベルの上部（ボトルの肩部分）に貼付することになっています。

（2）長野県原産地呼称管理制度

もうひとつは、2002年に創設された「長野県原産地呼称管理制度」です。この制度のもとで、ワインのほか、シードル、日本酒、焼酎、さらには、米の認定も行われています。なお、ワインについては、原則年2回の認定審査会が行われています。

認定されるワインは、長野県産ぶどうを100パーセント使用したもので、かつ、ワインの醸造、すなわち、破砕、圧搾、発酵、熟成（貯蔵）、濾過、瓶詰、瓶熟工程までのすべてが長野県内で行われ、長野県内から課税出荷されたものでなければなりません。

原料ぶどうに関しては、以下のように、使用品種と糖度基準が定められています。

メルロー、シャルドネ、浅間メルロー（以上の品種の糖度は19度以上であること）

カベルネ・ソーヴィニヨン、ピノ・ノワール、ブラッククイーン、ケルナー、ソーヴィニヨン・ブラン、マスカットベリーA、ピノ・ブラン、カベルネ・フラン、セミヨン、サンセミヨン、ミュラートゥルガウ、サンジョヴェーゼ、シラー、ヴィオニエ、バルベラ、ピノ・グリ、ゲヴェルツトラミネール、リースリング、バッカス、マルベック、プティベルド、ヤマ・ソーヴィニヨン、信濃リースリング、小公子、デラウェア（以上の品種の糖度は18度以上であること）

竜眼、SV-20-365、シャルドネ・ドゥ・コライユ、セイベル9110、セイベル13053、ザラザンジェ、ツヴァイゲルトゥレーヴェ（以上の品種の糖度は17度以上であること）

コンコード、ナイアガラ、巨峰、ワイングランド、国豊3号、ホワイトペガール、ブラックペガール、山ぶどう、ドルンフェルダー（以上の品種の糖度は16度以上であること）

補糖は認められていますが、搾汁した果汁の糖度に応じて限度量が設定されています。たとえば、果汁糖度19・0度の場合は、補糖分のアルコール換算値100ミリリットルあたり3・15ミリリットルが上限、果汁糖度18・0度の場合は、同3・80ミリリットルが上限となっています。

特殊な製法として、「ジュースリザーブ*7」および「氷結*8」が認められています。他方で、補酸、減酸、アルコール添加は認められず、醸造年の異なるワインのブレンドも認められていません。使用できる添加物は酸化防止剤（亜硫酸塩）のみとされており、その含有量は、貴腐ワイン・氷結ワインは1キログラムあたり350ミリグラム、その他のワインについては250ミリグラムが上限となっています。酸化防止剤を使用しない、いわゆる「無添加ワイン」は認定を受けることができません。

書類審査および官能審査に合格したワインは、認定された旨を証明する「長野県原産地呼称管理委員会認定マーク」をラベルに記載することになっています。

甲州市や長野県の原産地呼称制度は、国の法令とは別に地方自治体が独自に定めたもので、後述する地理的表示制度とも異なります。しかし、これらの認証基準に

＊7　ジュースリザーブ：原料ぶどうを搾汁して得られた果汁を発酵させないまま密閉容器中に保存したもの。辛口ワインにジュースリザーブを加えて、甘味の調整を行い、フレッシュでフルーティーな味わいをつける。

＊8　氷結：収穫した原料ぶどうを人為的に冷凍し、凍結したぶどう果実をそのまま低温下で圧搾し、糖度の高い果汁を取得する方法。クリオエキストラクションと呼ばれる。

は、ぶどう収穫地やワイン醸造地の範囲だけでなく、使用することのできる品種や最低果汁糖度の要件も盛り込まれています。将来、これらの産地が地理的表示の指定を受ける場合には、こうした制度を導入し、運用してきた経験が活かされることになるでしょう。

「ワイン法」制定に向けて

２０１０年頃から日本ワインが徐々に注目を集めるようになり、また、山梨県産ワインなどの日本ワインが、ＥＵを含む諸外国に輸出されるようになります。しかし、前述のように日本ワインの法的な定義は存在せず、産地、品種、年号といったラベル表示の重要事項も相変わらず自主基準に委ねられたままでした。こうした状況にあって、国際的に通用する「ワイン法」を日本でも制定すべきだという意見が、ワイン業界だけでなく、政界からも出されるようになります。

２０１４年夏、一部の国会議員が「ワイン法」構想を発表しました。クールジャパンの一環として、国会が「ワイン法」を制定し、日本産ワインのイメージアップを図ろうというのがそのねらいでした。

「長野県原産地呼称管理委員会認定マーク」がラベルに記載された長野県塩尻産のワイン

法案の具体的な内容は明らかにされませんでしたが、もし、「ワイン法」が制定されれば、これまで日本の酒類行政を司ってきた国税庁はもちろんのこと、全国の生産者は大きな影響を受ける可能性があり、業界内に不安が広がりました。しかし結局、強制力をもつルールとしての「ワイン法」は必要だけれども、国会の制定する「法律」ではなく、酒類の表示に関する権限をもつ国税庁長官が「告示*9」という形式で基準を定めるのがよい、という話になりました。これが、本書で詳しく見ていく、2015年10月の「**果実酒等の製法品質表示基準を定める件**」（平成27年国税庁告示第18号）です。この基準を定めるにあたって、パブリックコメントの募集が行われ、ワイン業界関係者から種々の意見が寄せられたようです。

ワイン法制定の動きと並行して、もうひとつ注目しておきたいのが、2014年に制定された「**特定農林水産物等の名称の保護に関する法律**」、すなわち地理的表示法（GI法）です。この法律自体はワインを直接対象としているわけではありませんが、フランスワインの原産地呼称制度に由来する地理的表示制度を日本にも導入するものです。2015年から、GI法にもとづく「特定農林水産物」の登録がはじまり、3年半あまりの間に、「神戸ビーフ」や「夕張メロン」など、80件以上の地理的表示が登録されています。

*9　告示：公の機関が、必要な事項を公示する行為およびその行為の形式。国家行政組織法14条1項は「各省大臣、各委員会及び各庁の長官は、その機関の所掌事務について、公示を必要とする場合においては、告示を発することができる」と定める。

日本のワイン関係法令一覧

法律	酒税法(昭和28年法律第6号)
	酒税の保全及び酒類業組合等に関する法律 (昭和28年法律第7号)
国税庁告示	二十歳未満の者の飲酒防止に関する表示基準を定める件 (平成元年国税庁告示第9号)
	地理的表示に関する表示基準を定める件 (平成6年国税庁告示第4号。平成27年10月29日廃止)
	地理的表示に関する表示基準第2項に規定する国税庁長官が指定するぶどう酒、蒸留酒又は清酒の産地を定める件 (平成7年国税庁告示第6号。平成27年10月29日廃止)
	酒類における有機の表示基準を定める件 (平成12年国税庁告示第7号)
	酒類の表示の基準における重要基準を定める件 (平成15年国税庁告示第15号)
	果実酒等の製法品質表示基準を定める件 (平成27年国税庁告示第18号)
	酒類の地理的表示に関する表示基準を定める件 (平成27年国税庁告示第19号)
	酒類の公正な取引に関する基準を定める件 (平成29年国税庁告示第2号)
法令解釈通達	酒税法及び酒類行政関係法令等解釈通達の制定について (平成11年6月25日)
	酒類の地理的表示に関する表示基準の取扱いについて (平成27年10月30日)
業界自主基準	ワイン表示問題検討協議会 「国産ワインの表示に関する基準」 (昭和61年12月23日制定)
	ワイン表示問題検討協議会「国内製造ワインの特定の事項の表示に関する基準」(平成29年3月28日制定)

第2章　日本の「ワイン法」の誕生
～2015年国税庁告示～

第2章

日本の「ワイン法」の誕生
～2015年国税庁告示～

「ワイン法」の誕生

これまで、「日本にはワイン法がない」、「日本には酒税法はあっても酒造法はない」といった指摘がありました。たしかに、日本の国会は、いまだに「ワイン法」と称する法律は制定していません。ワインラベルの表示ルールも、業界団体の自主基準に委ねられていました。したがって、「日本にはワイン法はなかった」というのは正しい認識だと思います。

しかし、「日本にはワイン法がない」という状況は、2015年に大きく変わります。ワインなどの酒類行政を管轄する国税庁が「**果実酒等の製法品質表示基準を定める件**」（平成27年国税庁告示第18号）によって「日本ワイン」を定義したのです。この告示では、ワインラベルにおける地名、ぶどうの品種名、ぶどうの収穫年の表示基準も定められ、さらに、同時に出された別の告示「**酒類の地理的表示に関する表示基準を定める件**」(平成27年国税庁告示第19号)によって、一般の地名とは異なり、強い保護を受ける産地名である「**地理的表示**」の指定手続きが明確にされました。

国税庁の基準は、業界自主基準とは異なり、法律にもとづいて定められたもので、国内のすべてのワイナリーに適用され、強制力をもちます。違反者には罰金が科されたり、ワインの製造免許が剝奪されたりする場合もあります。国税庁の告示は、厳密にいえば、国会によって制定された「法律」そのものではありません。しかし、その内容を見ていくと、実質的には「ワイン法」と呼びうるものになっているようです。

強制力をもつワイン法

形式的に法律とは、憲法の定める手続きによって国会で制定された「法律」を意味します。この意味での法律で、ワインに直接関係するものとしては、先に述べたように、酒税法と、酒税の保全及び酒類業組合等に関する法律(酒類業組合法)の2つがあります。ワインを含む酒類の表示に関するルールは、酒類業組合法にもとづいて定められることになっています。

酒類業組合法は、第86条の5で、以下のように定めています。

酒類製造業者又は酒類販売業者は、政令で定めるところにより、酒類の品目その他の政令で定める事項を、容易に識別することができる方法で、その製造場から移出し、若しくは保税地域（関税法（昭和二十九年法律第六十一号）第二十九条に規定する保税地域をいう。）から引き取る酒類（酒税法第二十八条第一項、第二十八条の三第一項又は第二十九条第一項の規定の適用を受けるものを除く。）又はその販売場から搬出する酒類の容器又は包装の見やすい所に表示しなければならない。

簡単にいうと、ワイナリーやワイン輸入業者は、酒類の品目（ワインの場合は、果実酒または甘味果実酒）のほか、政令で定められた事項、つまり、内容量、アルコール分、発泡性を有する旨の表示などを記載しなければなりません。そしてさらに、酒類業組合法第86条の6第1項には、それ以外の事項について、「酒類の取引の円滑な運行及び消費者の利益に資する」ことを目的として、財務大臣が表示基準

を定めることができるという規定があります。

財務大臣は、前条に規定するもののほか、酒類の取引の円滑な運行及び消費者の利益に資するため酒類の表示の適正化を図る必要があると認めるときは、酒類の製法、品質その他の政令で定める事項の表示につき、酒類製造業者又は酒類販売業者が遵守すべき必要な基準を定めることができる。

この酒類業組合法の施行規則*1第20条には、一部の権限を除いて、「財務大臣は、法、令及びこの省令の規定に基づく財務大臣の権限」を「国税庁長官に委任する」という規定があって、実際には、国税庁長官が酒類の表示基準を定めることになっています。

国税庁長官の定めた表示基準が強制力をもつことは、次の酒類業組合法第86条の6第3項および第4項、そして第86条の7の規定などを見ると明らかでしょう。

３　財務大臣は、第一項の規定により定められた酒類の表示の基準を遵守しない酒類製造業者又は酒類販売業者があるときは、その者に対し、その基準を

＊1　施行規則：法令の施行に必要な細則や、法律・政令の委任に基づく事項などを定めた規則。

遵守すべき旨の指示をすることができる。

4　財務大臣は、前項の指示に従わない酒類製造業者又は酒類販売業者があるときは、その旨を公表することができる。

さらに、第86条の7には、

財務大臣は、前条第三項の指示を受けた者がその指示に従わなかつた場合において、その遵守しなかつた表示の基準が、同条第一項の表示の基準のうち、酒類の取引の円滑な運行及び消費者の利益に資するため特に表示の適正化を図る必要があるものとして財務大臣が定めるもの（以下「重要基準」という。）に該当するものであるときは、その者に対し、当該重要基準を遵守すべきことを命令することができる。

とあり、罰則について定めた第98条は、「第八十六条の七の規定による命令に違反した者」は「五十万円以下の罰金に処する」としています。

「果実酒等の製法品質表示基準を定める件」は、ここでいう「重要基準」の扱いになっています（「**酒類の表示の基準における重要基準を定める件**」平成15年国税庁告示第15号、改正平成27年国税庁告示第21号）。したがって、この国税庁の基準に違反すると、国税庁長官から基準を遵守するよう指示が出されるとともに、その旨が公表されます。さらに、その指示にしたがわなかった場合には、基準を遵守すべきとする命令が下され、これに違反すると罰金が科されることになります。

このように、国税庁の表示基準は、国会制定法という意味での「法律」ではありませんが、違反に対する罰則もあり、強制力をもつことから、実質的には「ワイン法」として機能するものということができます。

ワインの分類と定義

それでは、「日本ワイン」を定義した2015年の国税庁の告示「果実酒等の製法品質表示基準を定める件」を見てみましょう[*2]。

この表示基準の第1項では、3つのカテゴリーのワインが定義されています。すなわち、

①国内製造ワイン

＊2　国税庁のウェブサイトには、「酒類の表示」というページがあり、酒類の表示基準が掲載されています。日本ワインについては、「果実酒等の製法品質表示基準を定める件」（平成27年10月30日・国税庁告示第18号）に規定されています。

②日本ワイン
③輸入ワイン

の３つです。

まず、**「国内製造ワイン」**は、

> 酒税法第３条第13号に規定する果実酒及び同条第14号に規定する甘味果実酒（以下「果実酒等」という。）のうち、国内で製造（同一の酒類の品目の果実酒等との混和を含む。以下同じ。）したもの（輸入ワインを除く。）をいう。

と定義されています。さきに見た「国産ワインの表示に関する基準」の「国産ワイン」の定義とほぼ同じであることにお気づきでしょう（8ページ参照）。なお、「原料として使用した果実の全部又は一部がぶどうである……」という要件が欠けているのは、この表示基準には、ぶどうを原料としていない果実酒、つまり、「うめワイン」、「りんごワイン」、「みかんワイン」といった製品にも適用されるルールが含まれているからです。

原料が国産のものであろうと、輸入原料を使用したものであろうと、「国内で製造」されたものである以上、すべて「国内製造ワイン」に該当することになります。ここでいう「製造」とは、かなり広い概念で、輸入ワイン同士をブレンドすることや、スパークリングワインにするために炭酸ガスを添加すること（カーボネーションといいます）も「製造」にあたります。そのような行為が日本国内で行われたのであれば、国内製造ワインとなります。ただし、輸入ワインに、日本国内で亜硫酸を添加する行為、あるいは、瓶詰めされていないバルクワインを輸入して、日本国内で瓶詰めする行為は、それだけでは「製造」にはあたりません。

「**輸入ワイン**」については、

保税地域（関税法（昭和29年法律第61号）第29条に規定する保税地域をいう。）から引き取る果実酒等（当該引取り後、詰め替えて販売するものを含む。）をいう。

と定義されています。保税地域とは、輸入手続きがまだ済んでいない状態で、外国から輸入されたワインなどの貨物を一時的に置いておける場所のことをいいます。港のコンテナヤードや倉庫がこれにあたります。

「日本ワイン」の定義

つぎに、**「日本ワイン」**がどのように定義されているか見てみましょう。

「日本ワイン」とは、国内製造ワインのうち、酒税法第3条第13号に掲げる果実酒（原料として水を使用したものを除く。）（同号ニに掲げる果実酒にあっては、別表に掲げる製法により製造したものに限る。）で、原料の果実として国内で収穫されたぶどうのみを使用したものをいう。

ここでのポイントは2点あります。第一は、**「日本ワイン」は、「国内製造ワイン」であるということ**。したがって、日本ワインは、日本国内で製造されたものでなければなりません。日本のワイナリーやワインメーカーが海外に進出し、海外で製造したワインは、たとえ原料に日本のぶどうを使っていても、日本ワインということはできません。

第二は、**「日本ワイン」は「原料の果実として国内で収穫されたぶどうのみを使用したもの」でなければならない**ということです。ほんのわずかであっても輸入原料が用いられたワインは、日本ワインとは呼べなくなります。

それ以外にも、細かい要件が定められているのですが、ここでは割愛します。さしあたり、日本ワインとは、日本国内で収穫されたぶどうを１００パーセント使用し、日本国内で製造されたワインのことである、と単純に定義しておきたいと思います。

差別化される「日本ワイン」

このように、国税庁は、２０１５年の告示「果実酒等の製法品質表示基準を定める件」において、①国内製造ワイン、②日本ワイン、③輸入ワイン、の３つを定義しました。日本ワインは、国内製造ワインの中の一カテゴリーです。いいかえると、国内製造ワインには、「日本ワイン」と、「日本ワインではない国内製造ワイン」の２つのカテゴリーがあると説明することができます。

じつは、国内製造ワイン全体のうち、「日本ワイン」に該当するワインは非常に少なく、圧倒的多数が「日本ワインではない国内製造ワイン」にあたることが統計によって示されています（**図１**）。「日本ワインではない国内製造ワイン」の原料は、ほとんどが南米などから輸入された濃縮果汁（「マスト」といいます）です（**図２**）。

海外で収穫したぶどうを搾り、その果汁を3倍に濃縮すれば、輸送のコストは3分の1に抑えられます。そして、その濃縮果汁を日本で希釈してワインにすれば、かなり低価格で販売することが可能になります。日本の大手ワインメーカーが販売している低価格のワインは、ほとんどが輸入濃縮果汁を原料に使った商品でした。

このような「日本ワインではない国内製造ワイン」は、これまでは国産ワインコーナーや日本ワインコーナーに並べられていることがありました。そのため、消費者が日本のぶどうを使ったワインだと誤解して買ってしまうこともあったようです。

そこで、国税庁は、「日本ワイン」を明確に定義し、以下に述べる一定の事項については、日本ワインに該当する場合に限って、その表示を認めることとしたのです。こうして、日本ワインと、それ以外の国内製造ワインとの差別化が図られることになりました。

「日本ワイン」にのみ認められる表示とは？

ところで、「日本ワイン」にのみ表示することのできる事項とは、具体的にどのようなものでしょうか。詳しくは、次章以下で見ていくことにしますが、消費者がワインを選択する際に重要性をもつと考えられる次の3つの事項です。

図１　国内製造ワインの生産量構成比

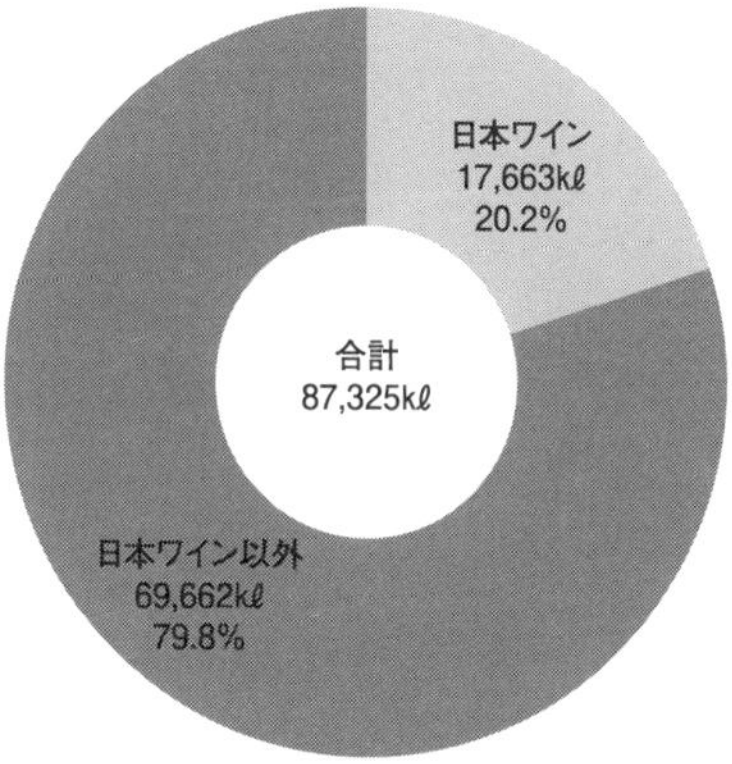

図２　国内製造ワインの使用原料構成比

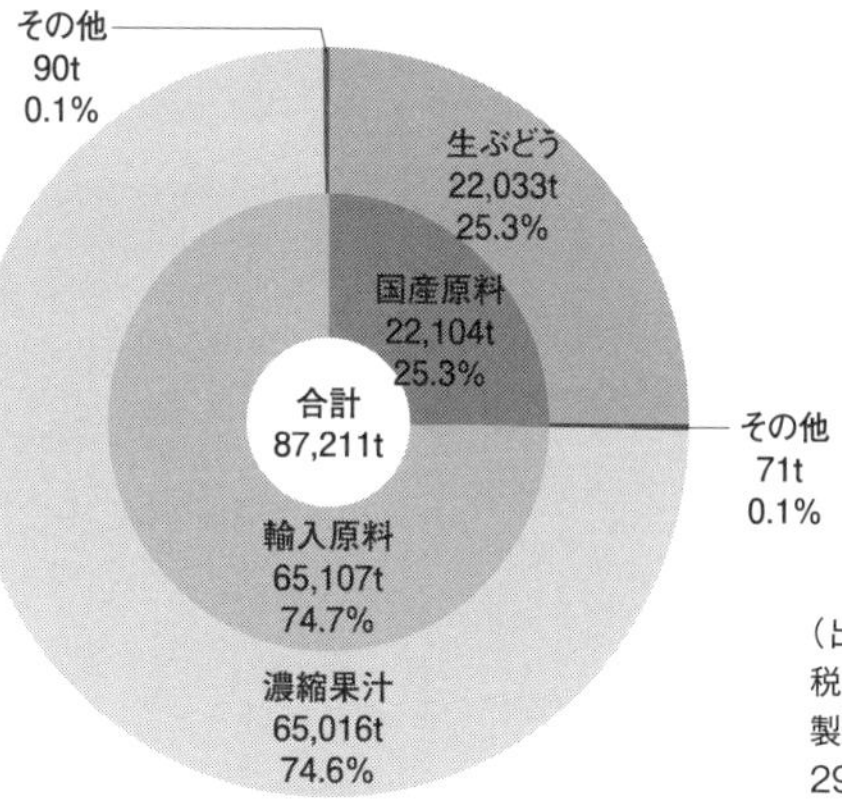

（出所：図１・２とも国税庁課税部酒税課「国内製造ワインの概況（平成 29 年度調査分）」）

第一は、地名です。たんに地名とはいっても、ぶどう畑が位置する地名であったり、ワイナリーが位置する地名であったり、あるいは、ホテルやレストランのプライベートブランドのワインのように、そのワインを販売するだけの場所を示すこともあります。海外のワインの場合、どこで収穫されたぶどうが使われているかが、きわめて重要です。なぜなら、ぶどうの収穫地、すなわち、どの畑で収穫されたぶどうを使っているかによって、品質や価格は大きく変わるからです。ブルゴーニュの赤ワインを例にあげるならば、同じ「ピノ・ノワール」という品種のぶどうを使っていても、畑が違うだけで、十倍くらい値段が違うということは珍しくありません。日本では、そこまでの価格差は見られませんが、原料ぶどうの収穫地の表示が、とても重要な情報であることに変わりはありません。

第二は、ぶどう品種です。ぶどうにはさまざまな品種が存在します。大きく分けると、ワイン用の欧州系ぶどう、主に食用となる北米系ぶどう、アジア系のヤマブドウといった種があり、また、これらのぶどうの交配品種も育てられています。このうち、ワイン用の欧州系ぶどうの種は、ラテン語で「ヴィティス・ヴィニフェラ」と呼ばれています。ワインを造るぶどうという意味です。日本で流通している輸入ワインのほとんどは、この種に属する品種のぶどうを使ったものです。この欧州系ぶどうは乾燥した気候を好むため、雨が多く湿度の高い日本においては、栽培が容易ではありません。このため、日本ワインでは、ぶどう品種が重視される傾向が見られます。

第三は、年号です。日本では、毎年、夏から秋にかけてぶどうが収穫され、ワインが醸造されます。その収穫年・醸造年がワインのラベルに記されることになるのですが、ビールや日本酒とは違って、年によってぶどうの出来・不出来には少なからぬ差が生じます。輸入ワインでは、年号次第でかなり大きな価格差が見られることもあります。

以上の３つの情報は、一定の要件を満たした「日本ワイン」だけが表示することを認められ、「日本ワインではない国内製造ワイン」に記載することはできません。さらに、「日本ワイン」であっても、地名表示については、かなり厳しいルールが導入されています。これについては、次章で詳しく説明しましょう。

「日本ワイン」以外の国内製造ワインの今後

「日本ワイン」が注目を集める一方で、「日本ワインではない国内製造ワイン」は、今後、どのように扱われていくのでしょうか。

国税庁の調査（**図3**）を見てみると、生産者の規模が大きいほど、輸入原料の使用割合が高いことがわかります。年間生産量1000キロリットル以上の大規模生産者7社の生産するワインは、その90パーセント以上が「日本ワインではない国内製造ワイン」となっています。

国産原料は高く、圧倒的に不足しています。まとまった量のワインを、安価かつ安定的に供給することを求められる大手メーカーは、輸入原料に頼らざるを得ません。他方で、輸入原料の品質は向上しており、一部の消費者に根強い人気がある「酸化防止剤無添加」ワインの製造には、こうした輸入原料の使用が不可避です。

たしかに、「日本ワインではない国内製造ワイン」には、地名も、ぶどう品種名も、年号も記載することができません。しかし、そのようなワインの製造自体が禁止されるわけではありません。安価でどこでも入手でき、そこそこ品質もよい、有名な大手メーカーの名が記されていて安心感がある、となれば、この種のワインを支持する消費者は今後も残るものと思われます。

新ルールのねらい

このような表示基準の制定には、どのような意図があるのでしょうか。

図3　国内製造ワインの生産量（生産規模別）

（単位：者、kℓ）

生産規模	～100kℓ	～300kℓ	～1,000kℓ	1,000kℓ～	総数
企業数（構成比）	206（83.4%）	22（8.9%）	12（4.9%）	7（2.8%）	247（100.0%）
生産量（構成比）	4,063（4.7%）	3,987（4.6%）	7,187（8.2%）	72,088（82.6%）	87,325（100.0%）
内 日本ワイン（構成比）	3,878（22.0%）	3,694（20.9%）	4,034（22.8%）	6,057（34.3%）	17,663（100.0%）

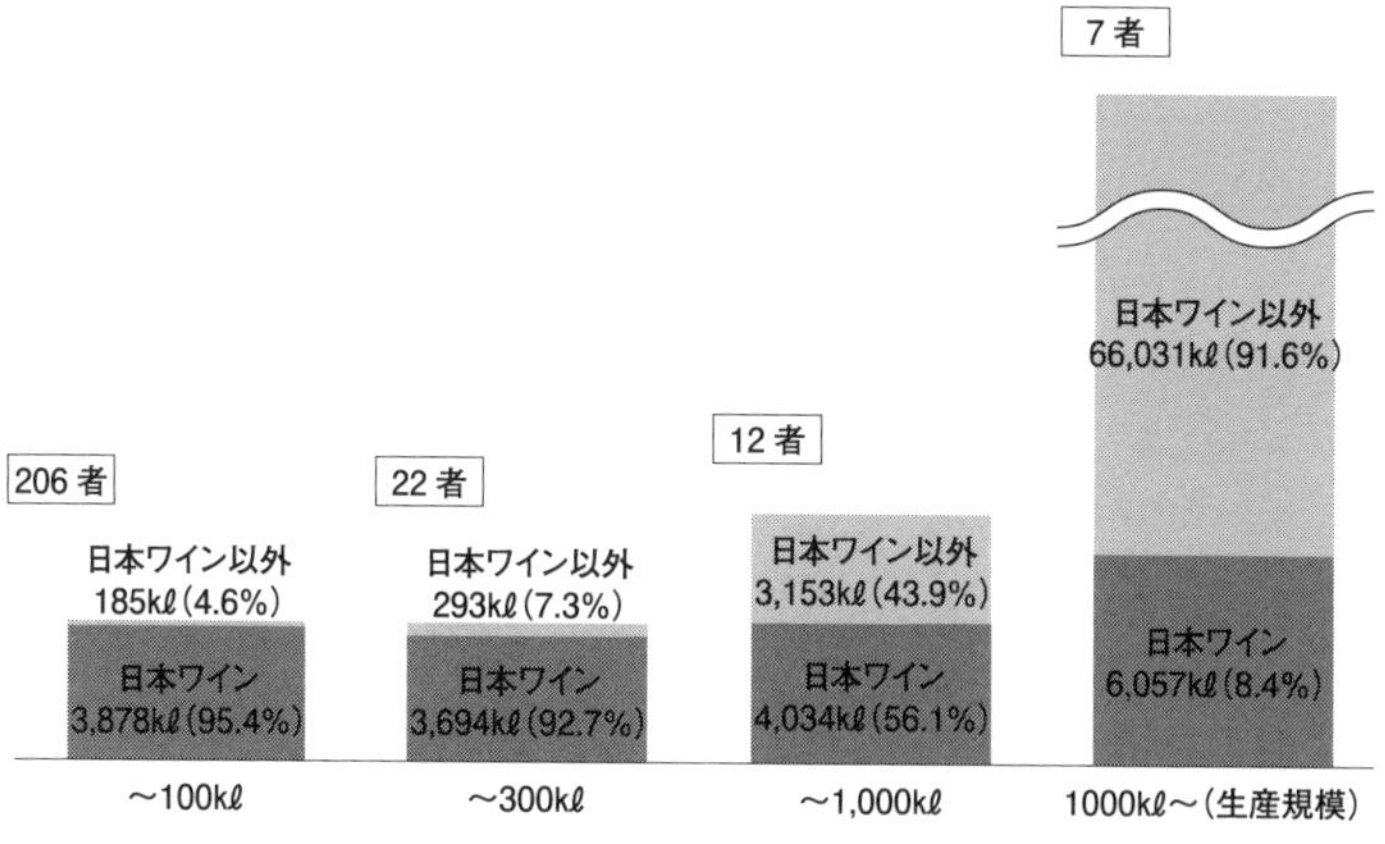

（出所：国税庁課税部酒税課「国内製造ワインの概況（平成29年度調査分）」）

国税庁のウェブサイトに掲載されている法令解釈通達「酒税法及び酒類行政関係法令等解釈通達」（平成11年6月25日）の第8編第1章第86条の6関係3「果実酒等の製法品質表示基準の取扱い」は、次のように表示基準の意義を説明しています。

原料の果実としてぶどうのみを使用した果実酒が、国際貿易において主要な産品として取引されていることに鑑み、国内外における取引の円滑な運行に資する目的で国際的なルールを踏まえた表示の基準を定めるとともに、国内においては、様々な原料を用いた果実酒及び甘味果実酒（以下「果実酒等」という。）が生産されているため、消費者の商品選択に資する目的でこれらの表示を明確化することにより、表示の適正化を図るものである。

ここでは、次の4点を指摘しておきましょう。

第一に、ワインは、「**国際貿易において主要な産品として取引されている**」という実情があります。ワインは古代ギリシャ・ローマの時代から、重要な交易品として各地で取引されてきました。現在では、ワインはヨーロッパのみならず、世界各国で生産されており、ワイン市場のグローバル化が顕著です。日本市場で流通しているワインは、全体の３分の２程度が輸入ワイン、残りの約３分の１が国内製造ワインですが、その大部分は輸入原料を用いた「日本ワインではない国内製造ワイン」であって、日本の原料だけで造られた「日本ワイン」は、国内で流通するワインの４・１パーセントを占めるにすぎません（**図４**）。したがって、日本で消費されているワインのほとんどが輸入ワイン、あるいは、輸入原料を用いたワインということになります。国際貿易を抜きにワイン市場を語ることは、およそ不可能だといってよい状況です。

図４　国内市場におけるワインの流通量の構成比（平成29年度推計値）

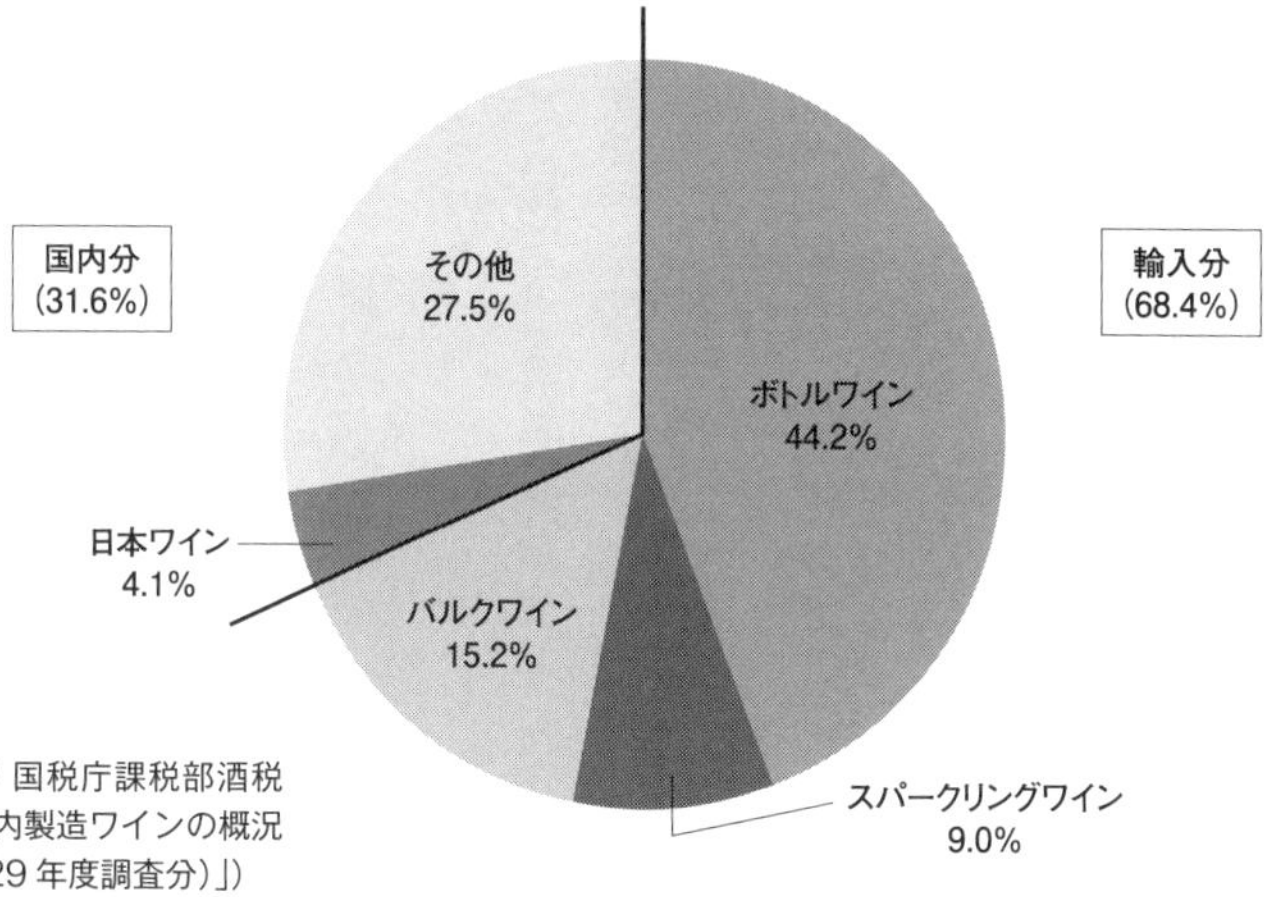

（出所：国税庁課税部酒税課「国内製造ワインの概況（平成29年度調査分）」）

第二に、「**国際的なルールを踏まえた表示の基準**」とあります。これまで日本には、業界団体の自主基準で定められたラベル表示のルールが存在するだけでした。しかも、その内容は、「国際的なルール」に対応したものではありませんでした。ワイン市場においては、今なおヨーロッパ諸国が、生産量、消費量、輸出量、輸入量で見ても重要な位置を占めており、したがって、ＥＵワイン法が、実質的には「国際的なルール」として機能しています。国税庁の表示基準も、ＥＵワイン法のラベル表示基準を部分的に参考にして作られたといわれています。

第三に、「**国内においては、様々な原料を用いた果実酒及び甘味果実酒……が生産されている**」ということ。日本の法律には、独立したワインの定義は置かれておらず、一般のワインは、酒税法の定める「果実酒」または「甘味果実酒」に該当するものとされています。しかし、ここでいう「果実酒」や「甘味果実酒」は、ぶどうを原料とするワインに限られるわけではありません。「うめワイン」、「りんごワイン」、「みかんワイン」といった商品が販売されており、これらも、ワインと同じ「果実酒」や「甘味果実酒」のカテゴリーに含まれます。

第四に、「**消費者の商品選択に資する目的**」でこの基準が定められたことに言及しておきます。「日本ワイン」のみが表示できる地名、ぶどう品種名、年号のほか、日本ワインではない国内製造ワインも記載が義務付けられる原材料、輸入原料や濃縮果汁の使用といった情報は、「消費者の商品選択」において重要な判断要素となります。しかし、今までは、このような表示を規律する法律にもとづくルールがありませんでした。前述のように、輸入原料を使っていながら、ラベルに日本の地名を表示しているワインも売られていて、消費者が日本ワインと勘違いして買ってしまう、ということも起こりかねない状態だったのです。

「日本ワイン」の原料

日本ワインの定義については、58ページで簡単に紹介しましたが、ここで原料と製法の視点から、改めてもう少し詳しく見ておきましょう。（「果実酒等の製法品質表示基準を定める件」第1項第3号）

「日本ワイン」とは、国内製造ワインのうち、酒税法第3条第13号に掲げる果実酒（原料として水を使用したものを除く。）（同号ニに掲げる果実酒にあっては、別表に掲げる製法により製造したものに限る。）で、原料の果実として国内で収穫されたぶどうのみを使用したものをいう。

原料の果実として、「国内で収穫されたぶどうのみを使用」しなければならないこと、そして、「原料として水を使用」することはできないことは、この定義からはっきりわかります。法令解釈通達*3によると、「『国内で収穫されたぶどう』には、国内で収穫されたぶどうの果汁、当該ぶどうの濃縮果汁、当該ぶどうを乾燥させたもの、当該ぶどうを煮詰めたもの又は当該ぶどうの搾りかすを含む」とされています。また、水の使用に関して、酵母の水戻し、製造工程中に加える物品などの溶解・分散などのため必要最小限の水を使用することは、その酵母や加える物品としての取り扱いになっていて、「原料として水を使用したもの」には該当しません。

ところで、「同号ニに掲げる果実酒にあっては、別表に掲げる製法により製造したものに限る」と書かれている点には注意が必要です。「同号ニ」とは、21ページに引用した酒税法第3条第13号の「ニ」のことで、「果実又は果実及び水を原料として発酵させたもの」（酒税法第3条第13号イ）などに「ブランデー、アルコール若しくは政令で定めるスピリッツ又は糖類、香味料若しくは水を加えたもの」がこれにあたります（ここでは、水を加えた場合は対象外）。

「果実酒等の製法品質表示基準を定める件」の「別表」には、次のような製法が列

*3　法令解釈通達：「酒税法及び酒類行政関係法令等解釈通達」（平成11年6月25日）の第8編第1章第86条の6関係3「果実酒等の製法品質表示基準の取扱い」

挙されています。

1　他の容器に移し替えることなく移出することを予定した容器内で発酵させた果実酒について、発酵後、当該容器にブランデー、糖類、香味料（国内で収穫されたぶどうの果汁又は当該ぶどうの濃縮果汁に限る。）又は日本ワインを加える製法

2　酒税法第3条第13号イからハまでに掲げる果実酒に、香味料（国内で収穫されたぶどうの果汁又は当該ぶどうの濃縮果汁に限る。）を加える製法（当該加える香味料に含有される糖類の重量が当該香味料を加えた後の果実酒の重量の100分の10を超えないものに限る。）

3　酒税法第3条第13号イからハまでに掲げる果実酒に糖類を加える製法

第1の製法は、瓶内二次発酵によるスパークリングワインの製法です。ワインに発泡性をもたせるため、密閉した瓶内で発酵させ、発酵

日本でも、瓶内二次発酵によるスパークリングワイン製造を行っているワイナリーが少なくない。写真は大分県宇佐市の安心院葡萄酒工房

後の滓を集め凍結させたうえで取り除き、ブランデー、糖類、ぶどう果汁・濃縮果汁、ワインで調整した調味液を加えることは、日本ワインの製法としても認められます。ただし、加えられるぶどう果汁・濃縮果汁は、日本国内で収穫されたぶどうの果汁・濃縮果汁でなければなりません。

第2の製法は、ぶどうを搾汁して得られた果汁の一部を発酵させないまま保存しておき、発酵後の仕上げのときに、ワインに加えて甘味の調整をするものです。「ズースレゼルヴェ（Süssreserve）」または「ジュースリザーブ」と呼ばれる製法で、ぶどう栽培の北限にあたるドイツで開発されたようです。このような製法も、日本ワインの製法として認められますが、加えられるぶどう果汁・濃縮果汁は、日本国内で収穫されたぶどうの果汁・濃縮果汁でなければなりません。

第3の製法は、発酵中の補糖とは別に、発酵後に糖類を加えるものです。甘口ワインを長期間保存した場合、微生物汚染などのおそれがあることから、辛口ワインを貯蔵し、出荷時に甘味付けのため糖類を加えることがありますが、このような製法も日本ワインの製法として認められることになりました。

なお、ワインに炭酸ガスを混和するスパークリングワインの製法（カーボネーション）については、酒税法上、製造行為に該当しますが、日本ワインに炭酸ガスの混和をした場合、そのスパークリングワインは、日本ワインとして取り扱われます。輸入ワインにカーボネーションをした場合には、輸入ワインではなく、国内製造ワインとして取り扱われることについては、本章で述べたとおりです（57ページ参照）。

ワイン用ぶどう栽培の現状

国税庁の調査（2017年度）によると、「ワイン原料用国産生ぶどうの受入数量」（ワインの原料として全国のワイナリーで受け入れられたぶどうの数量）の合計は2万3302トンであり、品種別に見ると、白ワイン用では1位甲州、2位ナイアガラ、3位デラウェア、4位シャルドネ、5位ケルナー（図5参照）、赤ワイン用では1位マスカット・ベーリーA、2位コンコード、3位メルロ、4位キャンベル・アーリー、5位巨峰（図6参照）となっています。日本固有の品種である甲州とマスカット・ベーリーA、北米系品種のナイアガラとコンコードの4品種で、全体のおよそ半分を占めている状況です。欧州系の品種では、シャルドネとメルロの2品種がそれぞれ1000トンを超えていますが、まだまだ全体から見ると欧州系品種の生産量は限られているのが分かります。

一般に、ワイン用ぶどうの価格は生食用に比べるとかなり低く、また欧州系品種は収量も低いことから、ぶどう農家からすると、ワイン用ぶどう栽培で利益を出すことは容易ではありません。1本のワインを造るのに約1キログラムのぶどうが必要です。デパートでは一房で

長野県塩尻市「サンサンワイナリー」の自社畑

何千円もするシャインマスカットを見かけますが、ワイン用ぶどうの買取価格はそれに比べてかなり低いのが実態です。そこで、ワイナリー各社が相次いで、いわゆる自社畑で欧州系品種の栽培に取り組むようになってきているのです。

新しく定められた日本ワインの定義では、日本国内で収穫されたぶどうを100パーセント使用しなければ、「日本ワイン」と表示することができず、地名や品種名、年号もラベルに表示することができません。したがって、ワイナリーは日本ワインを造るために、なんとしても国内から原料を調達

図5　白ワイン用ぶどう上位5品種および主要産地

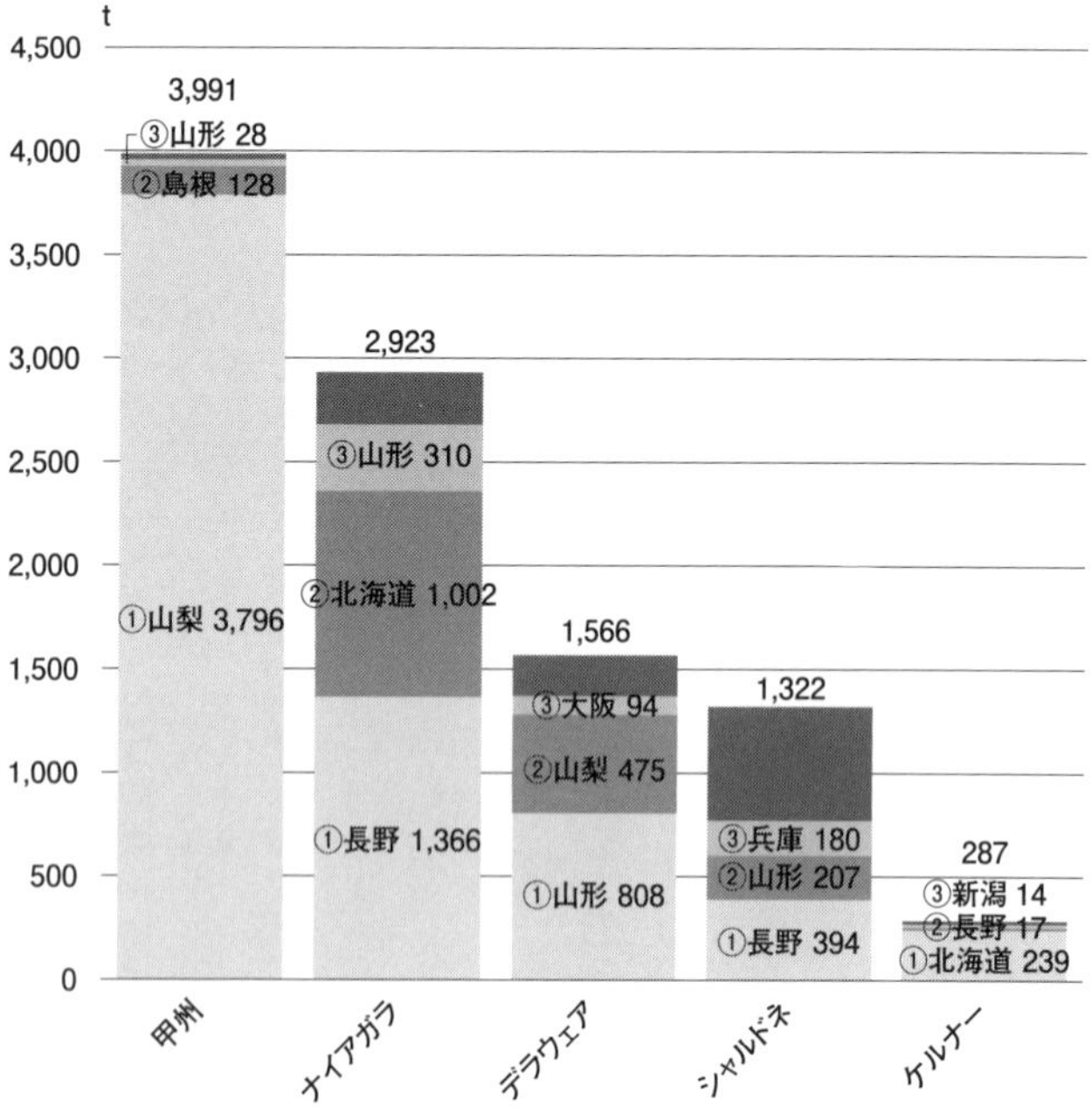

全国のワイナリーが受け入れたワイン用ぶどうの品種別の総量とその主要産地。
①～③の番号は順位を表す。

図6　赤ワイン用ぶどう上位５品種および主要産地

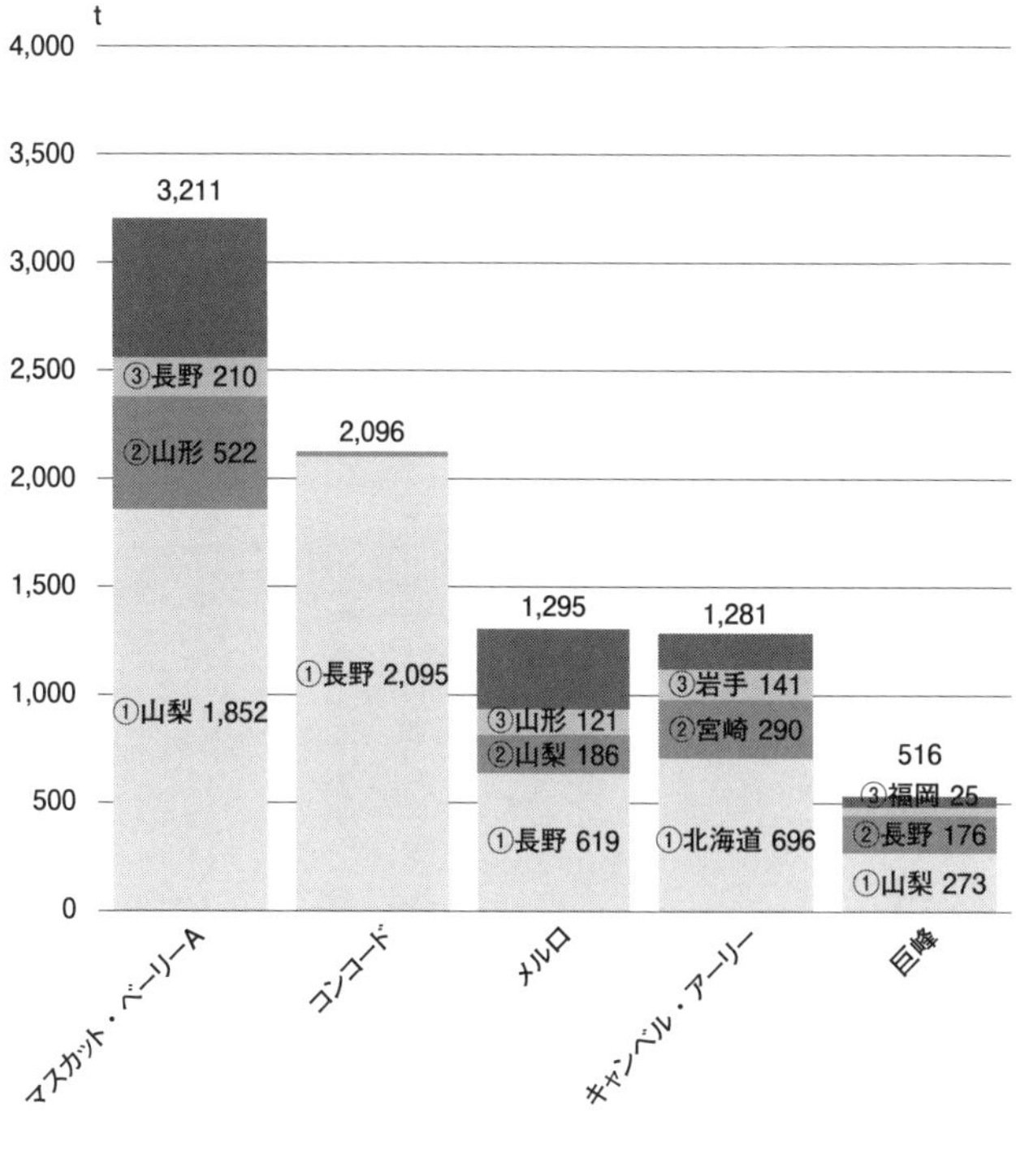

（出所：図５・図６とも国税庁課税部酒税課「国内製造ワインの概況（平成 29 年度調査分）」）

しなければなりません。この日本ワインの表示基準の影響もあって、国内原料は不足しています。

そうはいっても、ぶどうは穀物とは違い、畑に植え付けてすぐにワインの原料に適した果実をつけてくれるわけではなく、原料がとれるようになるまで、数年は待つ必要があります。大手ワイナリーは大規模な自社畑の拡大に乗り出し、またその一方で、毎年何十軒と新しいワイナリーが誕生しています。新たにぶどうを植え付けようとしても、そもそも苗木が不足していて、人気のある欧州系品種は、手に入れるまで何年も待たなければならない状態です。当然、苗木の価格は高騰し、以前の3倍くらいにまでなったという話も聞きます。苗木の入手をあきらめ、台木に接ぎ木していない、挿し木の自根苗を使おうとするところもあるようです。しかし、フィロキセラ*に対する抵抗力のない苗を使うのはあまりにも危険です。

そこで、北海道のワイナリーを中心に、政府に対して働きかけがなされ、苗木を海外から輸入する手続きの簡略化が検討されています。今後、海外で検疫を済ませた苗木がスムーズに輸入されるようになれば、欧州系品種の苗木不足問題もある程度は解消されるかもしれません。

＊フィロキセラ：ブドウネアブラムシとも呼ばれる昆虫であり、ぶどう樹の根や葉を刺して樹液を吸う。刺された根や葉はコブ状に膨れ、数年で枯死にいたる。

ぶどうの苗木

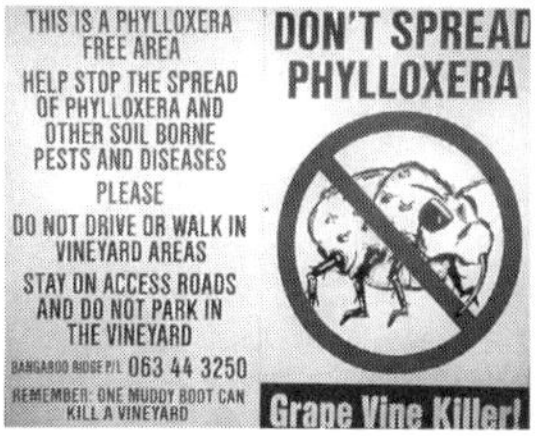

フィロキセラの拡散を防止するため、畑への立ち入りを禁じた標識

第3章

厳格化された日本ワインの地名表示

第3章

厳格化された日本ワインの地名表示

ワインの「産地」とは?

ぶどうの「産地」が、ぶどうの「収穫地」とイコールであることは疑問の余地はないと思います。では、ワインの「産地」はどうでしょうか。ワインの場合は、「収穫地」と「醸造地」が別々の場所であることが少なくありません。ワインの「産地」とは、「収穫地」なのか、それとも、「醸造地」なのでしょうか。

ワインが製造されている場所がワイン産地であるとするならば、醸造地がワイン産地だということになります。ワイナリーが集まっている場所をワイン産地と呼ぶこともあります。しかし、ワインの品質を大きく左右するのは原料ぶどうであり、そのぶどうが栽培され、収穫された場所がどこなのかがきわめて重要です。栽培された地域の気候、土壌、地勢といった条件によってぶどうの品質が異なってくるからです。わずか数百メートルしか離れていない畑で、ぶどうの出来が全然違うのはよくあることです。したがって、醸造する場所よりも、収穫する場所のほうが、はるかにワインの品質に及ぼす影響が大きいのです。

これまでの日本のワインのラベルを見てみると、地名に由来するワイナリー名、会社名が使われているケースが多いこともあって、実際の収穫地よりも醸造地の方が大きな文字で書いてあることもありました。また、輸入原料を使ったワインでも、日本の地名（都道府県名、市町村名など）に由来するワイナリー名がそのままラベルに大きく記載されることは珍しくありませんでした。

原材料の原産地

このように、これまで国内製造ワインの地名表示がバラバラであったのは、それを規律する強制力のあるルールが存在しなかったからです。しかし、国税庁の告示「**果実酒等の製法品質表示基準を定める件**」（以下では、「**製法品質表示基準**」と略します）によって、ようやく法律にもとづく地名表示のルールが定められました。では、さっそくその内容を見てみましょう。

まず、製法品質表示基準の第2項第3号は、国内製造ワインの原材料の原産地名の表示を義務付けています。

国内製造ワインには、前号イ及びロに掲げる原材料（同号ニの規定により同号イ及びロの原材料を表示する場合を含む。）の原産地名を「日本産」又は「外国産」と表示する。ただし、日本産の表示に代えて都道府県名その他の地名を、外国産の表示に代えて原産国名（関税法施行令（昭和29年政令第１５０号）第59条第1項に規定する輸入申告書に記載する原産地名をいう。以下同じ。）をそれぞれ表示することができる。

ここで、「前号イ及びロに掲げる原材料」とか、「同号ニの規定により同号イ及びロの原材料を表示する場合を含む。」などと書かれていますので、この点について説明しておきましょう。「前号」、つまり、製法品質表示基準の第2項第2号は、「国内製造ワインには、次に掲げる原材料を使用量の多い順にそれぞれ次に掲げるところにより表示する」として、

イ　果実

ロ　濃縮果汁
ハ　輸入ワイン
ニ　国内製造ワイン

の4つを掲げています。このうち、ニの「国内製造ワイン」を原材料とする場合には、「使用した国内製造ワインの原材料を、原材料とみなしてイからハまでの規定により表示する」とされています。

なお、ハの「輸入ワイン」については、「原材料に輸入ワインを使用したものについては、『輸入ワイン使用』など、輸入ワインを使用したことが分かる表示」（製法品質表示基準第3項第2号）が義務付けられています。さらに、「なお、同号ハの原材料（同号ニの規定により同号ハの原材料を表示する場合を含む。）として使用した輸入ワインの表示には、その原産国名を併せて表示することができる」（同第2項第3号）とされています。

国内製造ワインの原材料として輸入ワインを使用した場合には、その輸入ワインの原産国名まで記載するかどうかは任意ですが、輸入ワインを使用したことがわかる表示を行うことが義務付けられます。

国内製造ワインの原材料として使用される「果実」および「濃縮果汁」については、前述の製法品質表示基準第2項第3号の規定により、「日本産」または「外国産」と表示しなければなりません。

このほか、法令解釈通達[*1]では、次のように規定されています。

イ　同一の原材料であって日本産及び外国産の両方を使用している場合には、使用量の多い順に「日本産・外国産」等と表示する。

ロ　原材料として使用した原産地の異なる果実等について、日本産の表示に代えて都道府県名その他の地名を表示する場合には、使用量の多い順に全ての都道府県名その他の地名を表示する。外国産の表示に代えて原産国名を表示する場合も同様とする。

ハ　外国産の表示に代えて原産国名を表示する場合には、原産国名に続けて当該原産国内の地名（例えば、「米国カリフォルニア産」等）を表示して差し支えない。表示基準3において原産国名を表示する場合も同様とする。

日本ワインではない国内製造ワインであっても、果実および濃縮果汁の原産地と

＊1　法令解釈通達：「酒税法及び酒類行政関係法令等解釈通達」（平成11年6月25日）の第8編第1章第86条の6関係3「果実酒等の製法品質表示基準の取扱い」

して、「都道府県名その他の地名」を表示することが可能です。ただし、この「原材料の原産地名」は、品目、原材料名、製造者、内容量、アルコール分などが一括して表示される箇所に記載しなければならず（製法品質表示基準第８項）、しかも、「原材料の原産地名は、原材料名の次に括弧を付して表示する」（同・備考）と定められています。したがって、日本ワインのように、大きな文字で、一括表示欄から独立して（すなわち、表ラベルに）地名を表示することは不可能です。

ルール化された地名表示

国内製造ワインのうち、日本ワインに該当するワインについては、一定の条件の下で、一括表示欄の「原材料の原産地名」以外の箇所、つまり、表ラベルなどに地名を表示することができます。

製法品質表示基準の第５項は、次のように定めています。

国内製造ワインに地名を表示する場合は、第２項第３号の規定による表示のほか、日本ワインに限り、次の各号に掲げる地名のみをその容器又は包装に表示できるものとする。

（1）原料として使用したぶどうのうち、同一の収穫地で収穫されたものを85パーセント以上使用した場合の当該収穫地を含む地名（表示する地名が示す範囲に醸造地がない場合には、「○○産ぶどう使用」など、ぶどうの収穫地を含む地名であることが分かる方法により表示するものとする。この場合において、「○○」については、当該ぶどうの収穫地を含む地名を記載するものとする。）

（2）醸造地を含む地名（醸造地を含む地名であることが分かる方法により表示を行うとともに、別途、ぶどうの収穫地を含む地名ではないことが分かる表示を行うものとする。）

ここでは、「地名」として、「収穫地」と「醸造地」の2つがあげられています。「地名」と「醸造地」については、法令解釈通達で、次のように定義されています。

イ　「地名」とは、行政区画（都道府県、市町村（地方自治法（昭和22年法律第67号）第281条に定める特別区を含む。以下この3において同じ。））、郡、区、市町村内の町又は字等の名称をいう。なお、社会通念上、特定の地域を指す名称（例えば、旧地名、山や川の名称等）を含むものとする。

ロ　「醸造地」とは、果実酒等の原料を発酵させた場所をいう。

このように、「地名」には、都道府県、市町村、東京都の特別区、郡、区、市町村内の町や字のほか、一般に地名として認識されている旧地名、山や川の名称も含まれます。「地名」として扱われる以上、この製法品質表示基準にしたがって表示しなければなりません。

それでは、収穫地の表示基準から見ていきましょう。製法品質表示基準の第5項第1号では、「収穫地を含む地名」を表示できる条件として、「原料として使用したぶどうのうち、同一の収穫地で収穫されたものを85パーセント以上使用した場合」と定められています。「地名」を表示できるワインは、日本ワインに限定されますので、最大15パーセントまで他の収穫地のぶどうを使えるとはいっても、そのぶどうは日本国内で収穫されたものでなければなりません。少しでも海外の原料を使うと、日本ワインではなくなりますので、収穫地などの地名は一切表示できなくなります（ただし、一括表示欄に原材料の原産地は記載可能）。

製法品質表示基準は、ぶどうの収穫地とワインの醸造地が同じ地名であることを原則としています。「埼玉」という地名を表示するにあたっては、埼玉県で収穫されたぶどうを使い、埼玉県内で醸造するというのが原則だという考え方です。しかし、これまでの日本のワイン造りの実情を見てみると、収穫地と醸造地が別々の都道府県といったケースが非常に多いことがわかります。そのような場合には、どう地名を表示したらよいのでしょうか。

畑とワイナリーが離れている場合

日本の国土面積は約37万8０００平方キロメートル。約55万平方キロメートルのフランス本土の3分の2程度ですが、北は北海道、南は宮崎県にまでワイナリーが散在し、ぶどう栽培は、はるか南の沖縄本島でも行われています。とくに大手のワイナリーは、複数の都道府県の栽培農家と契約を結ぶなどして、全国からぶどうを調達しています。しかし、大手といえども、ぶどうの収穫地ごとにワイナリーをもっているわけではありません。たとえばメルシャンは山梨県の勝沼に、サッポロは勝沼や岡山にワイナリー

「菊鹿」という地名のみを表ラベルに表示するには、山鹿市菊鹿町産のぶどうを85%以上使用するとともに、山鹿市または同市に隣接する熊本県内の市町村で醸造することが必要

をもち、他県で収穫したぶどうを原料にしたワインを造ってきました。そのようなワインの地名表示はどうなるのでしょうか。

この点について、88ページに引用した製法品質表示基準第5項は括弧書きで、「表示する地名が示す範囲に醸造地がない場合には、『○○産ぶどう使用』など、ぶどうの収穫地を含む地名であることが分かる方法により表示するものとする」と明記しています。しかし、消費者の目からすると、「○○産ぶどう使用」という方法での収穫地の地名の表示では、正直、あまり魅力的な商品には見えません。メルシャンのトップクラスのワインとして評価の高かった「桔梗ヶ原メルロー」や「北信シャルドネ」といった商品は、これまで、収穫地である長野県の「桔梗ヶ原」、「北信」の地名を表示しつつ、隣の山梨県で醸造されたものでした。したがって、この表示方法にしたがうならば、「桔梗ヶ原産ぶどう使用」、「北信産ぶどう使用」としか書けないことになってしまいます。さすがにこれでは、ブランディングの面からしても、過酷すぎるのではないかと思われます。そこで、法令解釈通達は、他の方法での収穫地の地名の表示も認めています。

「収穫地を含む地名であることが分かる方法」とは？

収穫地とは違う場所に醸造地がある場合に、収穫地の地名を表示するためには、その地名を「ぶどうの収穫地を含む地名であることが分かる方法」によって表示しなければなりません。法令解釈通達は、次のような方法をあげています。

ニ　「ぶどうの収穫地を含む地名であることが分かる方法」とは、次に掲げる全ての事項を満たす表示方法をいう。

（イ）　次に掲げるいずれかの方法により地名を表示していること

A　表示する地名に当該収穫地のぶどうを原料として使用した旨を併せて表示する方法

例：「○○産ぶどう使用」

B　表示する地名に当該収穫地のぶどうの使用割合を併せて表示する方法

例：「○○産ぶどう１００％使用」

C　表示する地名にぶどうの品種名を併せて表示する方法（当該収穫地で収穫された単一品種のぶどうを85％以上使用した場合に限る。）

例：「○○シャルドネ」

（ロ）　表示基準２の（３）に規定するぶどうの原産地の表示について、「日本産」に代えて当該表示する地名を表示していること

（ハ）　別記様式に醸造地を表示していること

このように、法令解釈通達によれば、「○○産ぶどう使用」、「○○産ぶどう１００％使用」といった方法のほか、これまで一般的に使われてきた「収穫地の地名」＋「ぶどう品種名」という表示方法も、「ぶどうの収穫地を含む地名であることが分かる方法」に含まれます。したがって、収穫地と醸造地の地名が一致しない「桔梗ヶ原メルロー」や「北信シャルドネ」といった商品も、もし、「桔梗ヶ原」地区で収穫された「メルロー」品種を85パーセント以上使用し、「北信」地区で収穫された「シャルドネ」品種を85パーセント以上使用した日本ワインであれば、これまでどおり、そのような表示が認められることになります。しかし、同一品種の使用割合が85パーセントに達しないようなワインについては、「桔梗ヶ原産ぶどう使用」といった表示をすることしかできません。こうした例外は、良くも悪くも、単一品種のワインの生産を加速させる可能性があります。特定の品種のぶどうを85パーセント以上使用すれば、ワイナリーが離れていても収穫地の地名が表示できるからです。

なお、このような場合には、一括表示欄に記載する原材料の原産地の表示について、「日本産」に代えて、その表示する収穫地の地名（「桔梗ヶ原」や「北信」）を表示すること、実際の醸造地を表示することが必要になります。

「表示する地名が示す範囲に醸造地がない場合」にあたらない場合とは？

地名を表示するには、ぶどうの収穫地とワインの醸造地が同じ地名でなければならない、というのが製法品質表示基準の原則でした。しかし、都道府県レベルであれば同一というのが可能だとしても、市町村レベル、あるいは、市町村内の町や字まで同一でなければならないとしたら、その「地名」ごとにワイナリーを建設しなければならなくなり、非現実的です。厳格な条件のために、ワイン生産者も、新たな畑を拓くことを躊躇するかもしれませんし、地名を名乗れないことが耕作放棄を引き起こす可能性すらあります。

そこで、法令解釈通達は、市町村レベル以下の地名の表示について、一定の例外を設けました。

一ハ　表示する地名が一の都道府県内の地域を示すもの又は都道府県を跨ぐ地域

メルシャンは、山梨県甲州市の勝沼ワイナリーで日本ワインの醸造を行ってきたが、2018 年以降、長野県の塩尻市と上田市にワイナリーを新設。ぶどう収穫地でのワイン醸造に取り組んでいる。写真は塩尻市の桔梗ヶ原ワイナリー

「○○収穫」という表示方法も「ぶどうの収穫地を含む地名であることが分かる方法」とみなされている

を示すものであって、当該地域を含む市町村内に醸造地がある場合又は当該地域を含む市町村に隣接した市町村（表示する地名が含まれる都道府県内の市町村に限る。）に醸造地がある場合は「表示する地名が示す範囲に醸造地がない場合」に該当しないものとして取り扱う。

たとえば、「菊鹿」という熊本県山鹿市内の地名がありますが、同じ山鹿市内であれば、大字菊鹿町の外で醸造しても、「表示する地名が示す範囲に醸造地がない場合」にはあたらず、収穫地「菊鹿」の地名表示が可能です。さらに、山鹿市に隣接する熊本県熊本市、菊池市、玉東町、和水町でも同様に、「表示する地名が示す範囲に醸造地がない場合」には該当しないという扱いになり、収穫地の地名表示が認められます。市町村名である「山鹿」という地名表示についても同様です。

山鹿市は、福岡県八女市や大分県日田市とも隣接していますが、「表示する地名が含まれる都道府県内の市町村に限る」と括弧内に書かれてありますので、隣接していても別の県の市町村ということになり、「菊鹿」の地名を表示することはできません。他県で醸造して「菊鹿」、「山鹿」、あるいは「熊本」の地名を表示するためには、「菊鹿産ぶどう使用」のように記載するか、単一品種85パーセント以上のものであれば、「菊鹿シャルドネ」、「熊本マスカット・ベーリーA」といった記載になります。

醸造地の表示

製法品質表示基準は、収穫地だけでなく、醸造地の地名の表示も認めています。法令解釈通達によれば、醸造地とは「果実酒等の原料を発酵させた場所」のことです。収穫地と醸造地が同じであれば、前述のルールにしたがってその地名を表示することができますが、収穫地と醸造地が別々である場合に、どのように醸造地の地名を表示するかが問題となります。

製法品質表示基準は、括弧書きで「醸造地を含む地名であることが分かる方法により表示を行うとともに、別途、ぶどうの収穫地を含む地名ではないことが分かる表示を行うものとする」と規定しています。

そして、「醸造地を含む地名であることが分かる方法」の具体例として、法令解釈通達に、次の２つの表示方法が示

山鹿市に隣接する熊本市で醸造しても「菊鹿」の地名をラベルに表示できるが、2018年に山鹿市菊鹿町にワイナリーが新設され、醸造がはじまった

されています。

ホ　「醸造地を含む地名であることが分かる方法」とは、次に掲げる表示方法をいう。
（イ）　表示する地名に「醸造」の文字を併せて表示する方法
例：「○○醸造ワイン」、「○○醸造」
（ロ）　表示する地名に、当該醸造地で醸造した旨を併せて表示する方法
例：「○○で造ったワイン」

一例として、北海道ワインの製造する「おたるワイン」という商品があります。このワインは小樽市内の同社ワイナリーで醸造されていますが、原料のぶどうには小樽市以外で収穫されたものが使われています。そこで、同社では、ラベルの表示を「おたる醸造」に変更することにしました。

収穫地ではなく、ワイナリーが立地する場所の地名を使って商品のブランド化を図りたいという生産者は少なくありません。最近では、東京、大阪、横浜などの都市部に、いわゆる都市型ワイナリーが誕生し、醸造地の地名を記した商品が出され

ています。また観光地に設けられたワイナリーでも、お土産ワインとして醸造地をアピールしたいところです。

収穫地と異なる醸造地の地名を表示する場合には、「別途、ぶどうの収穫地を含む地名ではないことが分かる表示を行う」ことが必要です。この点につき、法令解釈通達は、「○○は原料として使用したぶどうの収穫地ではありません」、「○○で収穫した以外のぶどうも○割使用しています」（○○は醸造地の地名）のように、原料として使用したぶどうの収穫地ではないことの表示を行うこととしています。また、同一収穫地のぶどうを85パーセント以上使用している場合には、「△△産ぶどう使用」（△△は収穫地の地名）と記載することができ、これが前述の打ち消し表示の代わりになります。

会社名に地名が含まれている場合

日本のワイン製造業者の中には、その所在地の地名を会社名にしている例が少なくありません。とくにワイナリーが少ない地方ほどその傾向が顕著に見られるようです。こ

地名に「醸造」の文字を併せて表示する方法は、「醸造地を含む地名であることが分かる方法」として取り扱われる

のような地名に由来する会社名も、製法品質表示基準の地名表示ルールに縛られるのでしょうか。

この点について、法令解釈通達は、

イ　地名と同一である又は地名を含む会社名、人名、組織名又は個人事業者等の商号（法令等により明確である名称に限る。）の表示であって、次に掲げる方法により表示している場合については、表示基準5に規定する地名として取扱わないこととする。

（イ）　会社名、組織名又は個人事業者等の商号について、「株式会社」、「㈱」、「商号」等の表示を併せて行うなど、会社名等として消費者が容易に判別できる方法により表示している場合

としており、地名と誤認することなく、「会社名等として消費者が容易に判別できる方法」で表示されていればよいことになっています。

例として、「鎌倉ワイン」という会社名の場合を考えてみましょう。たんに「鎌倉ワイン」と表示するには、鎌倉市内で収穫されたぶどうを85パーセント以上使用し、

鎌倉市内または鎌倉市に隣接する市で醸造した日本ワインであることが条件となります。そのような条件に該当しないワイン、すなわち、他の市町村、あるいは、他の都道府県で収穫されたぶどうを主に使用したワインや、輸入原料を使用したワインのラベルに会社名を記載する場合には、「株式会社鎌倉ワイン」、「㈱鎌倉ワイン」のように表示することになります。そうすることによって、消費者は、これが地名ではなく会社名であることを容易に判別できるのです。英語で会社名を表示する場合にも、「Kamakura Wine Co., Ltd.」などのように記載すれば、地名が含まれる会社名を表示することができます。ただし、「㈱」や「Co., Ltd.」などは、会社名と同程度の大きさ、色調等で一体的に表示されていなければなりません。「株式会社」などを会社名よりも小さい文字、薄い色、見にくい色、違うフォントで表示したりすると、それが会社名であることを消費者が容易には判別できなくなってしまうからです。

地名と紛らわしい人名

日本人の人名には、県名や市町村名、あるいは、その他の地名と重なるものが少なくありません。宮崎さんが醸造したワインのラベルに「宮崎」とだけ書いてあると、消費者は、それを地名と勘違いするおそれがあります。そこで、法令解釈通達は、つぎのような場合には、製法品質表示基準の地名表示ルールに縛られないこととしました。

（ロ）　人名について氏名を併せて表示するなど、人名として消費者が容易に判別できる方法により表示している場合（例えば、「長野太郎」等）

このようにフルネームで書いてあれば、地名ではなく人名であることは明らかだからです。

また特定の醸造担当者の人名とあわせて「キュベ宮崎」のように表示されることがあります。特別なロットやブレンドであることを示すために用いられる表示ですが、このような表示についても、消費者が地名と誤

朝日町以外で収穫されたぶどうを使用したワインには「(有) 朝日町ワイン」、「ASAHIMACHI WINE CO., LTD.」とラベルに表示されている

雲海酒造の「綾ワイン」は「雲海ワイン」に銘柄名を変更

解しないように留意しなければなりません。この点に関して、国税庁の「果実酒等の製法品質表示基準のＱ＆Ａ」（平成30年４月）（以下では「国税庁のＱ＆Ａ」としています）には、

――ラベルに「醸造責任者：長野太郎」と氏名が記載されているなど、人名として消費者が容易に判別できる方法がなされていれば、表示することができます。

と記されています。「キュベ宮崎」と表示することはできるが、同じラベルにフルネームでその人名を記載すれば、「宮崎」が人名であることを消費者が容易に判別することができるという解釈です。

お土産ワインやＰＢワイン

これまで、観光地では、その土地の地名を表示したワインやランドマークとなる建物名・施設名を表示したワインが多く流通していました。「軽井沢ワイン」、「上高地ワイン」といったワインです。このようなワインも製法品質表示基準の地名表示ルールに縛られるのでしょうか。もし、そうだとすると、軽井沢町内で収穫され

たぶどうを85パーセント以上使用し、軽井沢町または隣接する長野県内の市町村で醸造することが必要になります。

法令解釈通達は、

ロ　表示基準5に規定する地名の表示には、原則として建物名、施設名等を構成する文字の一部として表示する地名も含まれるものとする。ただし、当該建物名、施設名等の名称が固有名詞として一般に流布しており、ぶどうの収穫地又は醸造地であると消費者が混同しない表示は、この限りでない。

としています。これまで観光地で売られていた「お土産ワイン」には、輸入原料を使ったものが少なくありませんでした。こうしたワインは、地名を含まない商品名やラベル表示に変更する必要があります。

プライベートブランドのワインについても同様です。国税庁のQ＆Aには、

プライベートブランドのラベルについても、そのラベルに表示される建物名や施設名に地名が含まれている場合は、原則として、その地名を示す範囲内に

――ぶどうの収穫地及びワインの醸造地がないことが広く一般に知られていない限り、地名が含まれる建物名や施設名を表示することはできません。

との回答があります。「○○ゴルフ場ワイン」、「○○観光ホテルワイン」のように、地名を含む施設のＰＢワインについても、原則として地名表示のルールにしたがうものとされます。例外的に、「その地名を示す範囲内にぶどうの収穫地及びワインの醸造地がないことが広く一般に知られて」いれば、その施設名を表示することができますが、今や、日本全国でワインが醸造されており、醸造所が存在しないことが広く一般に知られている場所というのは、きわめて例外的な場所に限られるといってよいでしょう。

最近では、大学がプライベートブランドのワインを販売するケースもあります。ワイン産地の大学であれば、地名表示のルールに適合するワインを販売することができるでしょうが、「早稲田大学ワイン」、「青山学院大学ワイン」のようなＰＢワインもまた、「早稲田」、「青山」の地名表示のルールにしたがうことを求められます。日本の大学には、山梨大学のように、学内においてぶどう栽培やワイン醸造を行っている例もあり、大学は醸造所が存在しないことが広く一般に知られている場所とはいえないからです。ただ、前述の会社名の表示の例から考えると、「学校法人早稲田大学」、「学校法人青山学院」のような記載は認められるといえるでしょう。

地名と商標

すでに登録されているワインの商標であっても、地名を含むものは、製法品質表示基準の地名表示のルールに服することになります。法令解釈通達は、

> ト　地名を含む果実酒等の商標（登録商標（商標法（昭和34年法律第127号）第2条第5項に規定する登録商標をいう。）を含む。）を表示する場合についても、地名として表示基準の規定に沿って表示しなければならないことに留意する。

としています。

また、国税庁のQ&Aには、「商標登録された商品名等であっても、地名を含むものについては、日本ワインではない場合又は表示基準第5項の地名の表示ルールに適合しない場合には、表示することができません」と明確な回答が示されていま

す。製法品質表示基準は、「国内外における取引の円滑な運行に資する目的」および「消費者の商品選択に資する目的」という公益性の観点から規定したものであって、それが個別の商標権の権利に何らかの変動を与えるものではないものの、その行使（ラベル表示）にあたっては、「当該表示基準により、公益性から求められる一定の制限に従っていただく必要があるため、当該基準の範囲内でのみ商標権の行使が可能と考えます」というのがその理由です。

これまで国内の多くのワイナリーが地名を含む商標を使用してきた実情に鑑みると、一気に厳格化された印象をもたざるを得ませんが、地名を含む商標を表示することができるのは、その地名が表示基準に照らして問題なく表示できるワインに限られるとするのが国税庁の見解です。

街中ワイナリー

従来、ワイナリーは、ぶどう産地にあるものと思われていましたが、最近では、都市部に次々とワイナリーが誕生しています。東京、大阪をはじめ、小樽、福山、金沢、横浜などの地方都市の市街地などにもワイナリーができて話題になっています。そうしたワイナリーは、「街中ワイナリー」と呼ばれています。

ぶどう産地のワイナリーであれば、ワイン特区に認定されている場合、年間2000リットル以上の製造見込みで免許が取得できますが、都市部のワイン特区認定はあまり期待できず（ただし、福山市は「ふくやまワイン特区」に認定）、またかりに認定されても、都市部で原料を調達するのは容易ではありません。特区でなければ、毎年、最低6000リットルものワインや果実酒を醸造することが必要です。それだけのスペースや醸造設備を用意しなければなりません。

街中ワイナリーの中には、ぶどうの収穫地よりも、むしろワイナリーのある場所、すなわち醸造地をラベルに書くことが重要だと認識しているところが少なくないと思います。前述のように、国税庁の表示基準も、醸造地の地名の表示は認めています。ただし、収穫地と異なる醸造地の地名を表示するには、収穫地の地名ではないことが消費者に容易にわかるように、「大阪醸造」、「横浜醸造」などの表示方法によらなければなりません。

東京都で収穫されたぶどうを 85%以上使用し、都内で醸造すれば「東京ワイン」の表示も可能

第4章　地理的表示

～ただの地名表示と何が違うのか？～

第4章

地理的表示

～ただの地名表示と何が違うのか？～

ワインの品質と地名表示

国税庁の製法品質表示基準は、これまで法令にもとづくワインの表示ルールが存在しなかったことを考えると、地名表示については、かなり厳格な基準であるということができます。しかし、その厳格さは、地理的な要件の厳しさであって、ワインの品質に関しては、これといった要件は定められていません。ワインの品質は、地名表示の条件にはなっていないのです。

ヨーロッパ諸国では、ワインの品質が地名表示の条件に結びつけられています。その典型がフランスのAOCワインです。「シャンパーニュ」というAOCを表示するには、ただシャンパーニュ地方で収穫されたぶどうを使い、シャンパーニュ地方で醸造するだけでよい、というわけではありません。AOCシャンパーニュの生産基準書には、ピノ・ノワールやシャルドネなど指定された品種のぶどうを使い、最大収量、最低果汁糖度、最低アルコール度などの基準をクリアし、瓶内二次発酵の製法により、一定期間熟成された発泡性ワインであること、等々の要件が盛り込まれており、これを遵守して造られたワインだけが「シャンパーニュ」を名乗ることができるのです。

なぜ品質要件が求められるのか

その産地のぶどうを使えば、どんなワインでもその地名を名乗ってもよいのではないか。たしかに、それも説得力のある考え方です。しかし、その産地が有名になり、社会的評価が高まってくると、産地ブランドをどのように守り、維持していくかが課題になります。

かりに産地内で収穫されたぶどうを使っていても、そのぶどうの品質に問題があったり、果汁糖度が十分ではなかったり、あるいは、商品として売ってはならないレベルのワインだったり、ということがあるかもしれません。こうしたワインが、その産地の地名を冠して販売されると、産地の評価自体に傷がついてしまい、ブランドイメージが損なわれるおそれがあります。実際、フランスでも、ＡＯＣが導入される前は、非常に質の悪いぶどうを使ったワインが有名な産地名を表示することがありました。

そこで、その産地ブランドを保護するべく、品質要件を含む生産条件を遵守して造られたワインだけに産地の表示を認める制度が各国で導入されています。これが**地理的表示（GI）制度**です。フランスのAOCも、この地理的表示制度のひとつです。

一般の地名表示との違い

EUなどでは、地理的表示ワインでなければ、そもそも産地を表示することが認められていません。フランスワインで地名を表示しているものは、すべてAOCなどの地理的表示ワインです。フランスでも地理的表示ではないワインが造られていますが、地名は表示されておらず、ただ「Vin de France」、すなわち、フランスのワインと表示されているだけです。

日本でも地理的表示制度が導入されているのですが、EUとは異なり、地理的表示ではない地名も、製法品質表示基準の地名表示ルールにもとづいて表示することが認められています。したがって、表示されている地名が一般の地名表示なのか、それとも地理的表示なのかがわかりにくい、といった問題点があります。

また、どのような産地でも地理的表示に指定されるわけではありません。地理的表示は、知的財産のひとつであり、一般の地名表示とは違って、「保護」される表示です。定められた生産基準に適合しないワインは、たとえ製法品質表示基準の地名表示ルールに則したものであったとしても、その地理的表示を使用することができません。産地とワインとの関連性が認められて初めて地理的表示の指定が可能になるのです。

そもそも「地理的表示」とは？

それでは、ここで少し詳しく地理的表示の説明をしましょう。

地理的表示（Geographical Indication）という言葉がよく使われるようになったのは、90年代半ば以降のことです。１９９５年1月にＷＴＯ（世界貿易機関）が設立されましたが、その設立協定の附属書に、「知的所有権の貿易関連の側面に関する協定」（ＴＲＩＰＳ協定）という文書があり、この協定の第３節が地理的表示にあてられています。

ＴＲＩＰＳ協定第22条1によると、

「地理的表示」とは、ある商品に関し、その確立した品質、社会的評価その他の特性が当該商品の地理的原産地に主として帰せられる場合において、当該商品が加盟国の領域又はその領域内の地域若しくは地方を原産地とするものであることを特定する表示をいう。

と定義されています。

ここでいう「商品」とは、ワインに限定されません。ウイスキーやビールなど他の酒類、農産物、食品、さらには、食用ではない商品も含まれます。しかし、「確立した品質」、「社会的評価」または「その他の特性」がなければならず、それらが「当該商品の地理的原産地」との関連性をもっていることが前提です。

TRIPS協定は、WTO加盟国に対して、地理的表示の侵害行為を防止するための法的手段を確保することを義務付けています。具体的には、第22条2にあるように、

(a) 商品の特定又は提示において、当該商品の地理的原産地について公衆を

誤認させるような方法で、当該商品が真正の原産地以外の地理的区域を原産地とするものであることを表示し又は示唆する手段の使用

（b）1967年のパリ条約第10条の2に規定する不正競争行為を構成する使用

といった行為の防止がWTO加盟国に求められます。なお、パリ条約第10条の2の規定とは、「工業上又は商業上の公正な慣習に反するすべての競争行為は、不正競争行為を構成する」というものです。

「公衆を誤認させるような方法」という前提

TRIPS協定第22条2は、「当該商品が真正の原産地以外の地理的区域を原産地とするものであることを表示し又は示唆する手段の使用」は地理的表示の侵害行為にあたるとしています。日本で生産された甘口ワインに「ポート・ワイン」と表示するような行為です。「ポート」あるいは「ポルト」というのは、ポルトガルのワインの地理的表示であって、ポルトガルの指定された原産地以外の地理的区域を原産地とする場合には、地理的表示の侵害行為にあたることになります。

ただ、TRIPS協定第22条2には、「当該商品の地理的原産地について公衆を

誤認させるような方法で」と書かれています。「公衆を誤認」させない方法で、本来の原産地とは異なる原産地を表示することは禁止されていないのです。たとえば、「リモージュ陶器のイミテーション」や「中国産リモージュ風陶器」と表示すれば、本物のリモージュ陶器（フランスの工業製品の地理的表示）ではないと消費者は認識することができ、「公衆を誤認」させない方法となり、そのような表示は許される可能性があります。

しかし、ワインや蒸留酒については、「公衆を誤認」させない方法であっても、地理的表示の侵害となります。TRIPS協定第23条1（ぶどう酒及び蒸留酒の地理的表示の追加的保護）は、以下のように規定しています。

加盟国は、利害関係を有する者に対し、真正の原産地が表示される場合又は地理的表示が翻訳された上で使用される場合若しくは「種類（kind）」、「型（type）」、「様式（style）」、「模造品（imitation）」等の表現を伴う場合においても、ぶどう酒又は蒸留酒を特定する地理的表示が当該地理的表示によって表示されている場所を原産地としないぶどう酒又は蒸留酒に使用されることを防止するための法的手段を確保する。

（注）加盟国は、これらの法的手段を確保する義務に関し、第42条第1段の規定にかかわらず、民事上の司法手続に代えて行政上の措置による実施を確保することができる。

このように、「ぶどう酒又は蒸留酒を特定する地理的表示」については、「公衆を誤認」させない方法であったとしても、地理的表示の侵害となり、これを防止する措置がＷＴＯ加盟国に求められることとなります。「シャンパーニュのイミテーション」、「シャンパン製法のスパークリングワイン」、「コニャック風○○県産ブランデー」といった表示も、消費者が本来のシャンパーニュやコニャックと誤認して購入する可能性は低いのですが、ＷＴＯ加盟国ではこれを禁止することになっているのです。

ワインや蒸留酒の地理的表示については、一般の商品に比べて、強い保護が与えられていることから、これを「**追加的保護**」と呼んでいます。もっとも、国内法レベルでは、このような強い保護が一般の食品や農産物などにも与えられることがあります。日本の地理的表示法「**特定農林水産物等の名称の保護に関する法律**」がそうです。この法律は、ワインではなく、食品や農産物の地理的表示の保護を目的としていますが、公衆を誤認させないような方法であったとしても、定められた原産地以外の地理的区域を原産地とするものや、生産基準に適合しない産品について、地理的表示を使用することは禁止されています（特定農林水産物等の名称の保護に関する法律施行規則第2条）。「アメリカ産神戸ビーフ」、「夕張メロンのイミテーション」といった表示がこれにあたります。

国税庁による地理的表示の指定

日本では、ワインを含む酒類の地理的表示と、農林水産物の地理的表示は、別々の制度になっています。これは、酒類については国税庁が権限をもち、農林水産物については農林水産省が権限をもっているためで、日本の縦割り行政が典型的に反映される形になっているといえます。

酒類の地理的表示については、TRIPS協定を受けて、1994年12月28日の国税庁告示「地理的表示に関する表示基準を定める件」（平成6年国税庁告示第4号）により、「日本国のぶどう酒若しくは蒸留酒の産地のうち国税庁長官が指定するものを表示する地理的表示……は、当該産地以外の地域を産地とするぶどう酒又は蒸留酒について使用してはならない」とする規定が設けられました。こうして、日本においては、国税庁長官がワインと蒸留酒の地理的表示を指定する制度が採用されることになったのです。また、この国税庁告示では、「清酒の産地のうち国税庁長官が指定するものを表示する地理的表示は、当該産地以外の地域を産地とする清酒について使用してはならない」とあり、清酒の地理的表示についても、国税庁長官が指定することになりました。

当初、この制度の下で、指定された地理的表示は多くはありませんでした。しかも、**表7**のように、最初のうちは蒸留酒（焼酎）ばかりで、ワインについては、第1号の「山梨」が平成25（２０１３）年に指定されるまで、ＴＲＩＰＳ協定以来20年近く、日本の地理的表示が存在しない状態でした。

表7には、平成30（２０１８）年6月までに指定された酒類の地理的表示が記載されていますが、そのうちの半数が、平成25年の「山梨」以降に指定された地理的表示です。このことは、平成27（２０１５）年に、従来の地理的表示の表示基準が改正され、指定を受けるためのガイドラインが整備されたことによって、地理的表示の指定を受けやすくなったことや、地理的表示のメリットが生産者にも理解されるようになったことに関係しているのではないかと思います。

表７　国税庁長官が指定した酒類の地理的表示（GI）

名称	指定した日	産地の範囲	酒類区分
壱岐	平成7年6月30日	長崎県壱岐市	蒸留酒
球磨	平成7年6月30日	熊本県球磨郡及び人吉市	蒸留酒
琉球	平成7年6月30日	沖縄県	蒸留酒
薩摩	平成17年12月22日	鹿児島県 （奄美市及び大島郡を除く。）	蒸留酒
白山	平成17年12月22日	石川県白山市	清酒
山梨	平成25年7月16日	山梨県	ぶどう酒
日本酒	平成27年12月25日	日本国	清酒
山形	平成28年12月16日	山形県	清酒
北海道	平成30年6月28日	北海道	ぶどう酒
灘五郷	平成30年6月28日	兵庫県神戸市灘区、東灘区、 芦屋市、西宮市	清酒

（出所：国税庁ホームページ「酒類の地理的表示一覧」）

地理的表示の指定手続き（GIガイドライン）

国税庁長官による地理的表示の指定手続きは、２０１５年の国税庁告示「**酒類の地理的表示に関する表示基準を定める件**」（平成27年国税庁告示第19号）に定められています（以下、この２０１５年の表示基準を「**GI表示基準**」と略します）。

このGI表示基準において、「地理的表示」とは、「酒類に関し、その確立した品質、社会的評価又はその他の特性（以下「酒類の特性」という。）が当該酒類の地理的な産地に主として帰せられる場合において、当該酒類が世界貿易機関の加盟国の領域又はその領域内の地域若しくは地方を産地とするものであることを特定する表示」であって、「イ　国税庁長官が指定するもの」と「ロ　日本国以外の世界貿易機関の加盟国において保護されるもの」があります（第１項第３号）。国税庁長官による指定は、このうちの「イ」にあたります。

国税庁長官は、次の条件が満たされた場合に、酒類の地理的表示を指定できることとされています（GI表示基準第２項）。

――――

２　国税庁長官は、酒類の産地に主として帰せられる酒類の特性が明確であり、かつ、その酒類の特性を維持するための管理が行われていると認められるときには、次の各号に掲げる事項（以下「生産基準」という。）、名称、産地の範囲及び酒類区分を前項第3号イに掲げる地理的表示として指定することができる。
（1）酒類の産地に主として帰せられる酒類の特性に関する事項
（2）酒類の原料及び製法に関する事項
（3）酒類の特性を維持するための管理に関する事項
（4）酒類の品目に関する事項

他方で、GI表示基準には、次のように、地理的表示として指定できない場合が列挙されています（第3項）。

3　国税庁長官は、前項の規定にかかわらず、次の各号のいずれかに該当する表示は、地理的表示として指定しない。
（1）酒類に係る登録商標（商標法（昭和34年法律第127号）第2条第5項に規定する登録商標をいう。以下同じ。）と同一又は類似の表示であって、その地理的表示としての使用が当該登録商標に係る商標権を侵害するお

それがある表示

（２）日本国において、酒類の一般的な名称として使用されている表示

（３）産地の範囲が日本国以外の世界貿易機関の加盟国にある場合において、当該国で保護されない表示

（４）前３号に掲げるもののほか、保護することが適当でないと認められる表示

国税庁告示の基準には、指定手続きの大まかな流れが示されていますが、指定を受けるための具体的な要件などは、別個「**酒類の地理的表示に関するガイドライン**」（法令解釈通達「酒類の地理的表示に関する表示基準の取扱いについて」平成27年10月30日）に定められています（以下では、「**GIガイドライン**」と略します）。

GIガイドライン第3章第1節は、「（1）地理的表示の指定は、原則として、酒類の産地からの申立てに基づき行う」としています。産地からの申立てによらずに地理的表示を指定する可能性も排除されてはおらず、その場合は、国税庁長官が、GIガイドラインに準じて、生産基準、産地の範囲、名称を定め、酒類製造業者などの意見やパブリックコメントを勘案したうえで、地理的表示の指定を行うことと

されています。

続けてGIガイドラインは、産地からの地理的表示の指定の申立てについて、

（2）地理的表示の指定を希望する酒類製造業者及び酒類製造業者を主たる構成員とする団体は、その酒類に関する生産基準、名称及び産地の範囲について、当該産地の範囲に当該酒類区分に係る製造場を有する全ての酒類製造業者と協議した上で、当該産地の範囲を所管する国税局長（沖縄国税事務所長を含む。以下同じ。）を通じて国税庁長官に、「地理的表示の指定に係る申立書」（様式1）により地理的表示の指定に係る申立てを行うことができる。

としています。指定の申立てをするのは、「酒類製造業者及び酒類製造業者を主たる構成員とする団体」とされていますが、実際には、地方自治体がこれを支援することもあるようです。また、申立てにあたっては、「生産基準、名称及び産地の範囲について、当該産地の範囲に当該酒類区分に係る製造場を有する全ての酒類製造業者と協議」することが求められています。この点については、後ほど触れることにします。

国税庁長官による地理的表示の指定制度は、日本の地理的表示だけでなく、外国の地理的表示にも開かれています。ＧＩガイドラインは、

> （３）　産地の範囲が日本国以外の世界貿易機関の加盟国にある場合において、表示基準第１項第３号イに掲げる地理的表示として指定を希望する者は、その酒類に関する生産基準、名称及び産地の範囲を取りまとめ、「地理的表示の指定に係る申立書」（様式１）により日本語で国税庁長官に地理的表示の指定に係る申立てを行うことができる。

としており、他のＷＴＯ加盟国が、自国の地理的表示の保護を日本に求める場合には、この規定にもとづいて、国税庁長官に指定の申立てをすることが可能です。しかし、その際、申立書は日本語で記述することが義務付けられています。

ＧＩ指定の要件としての「酒類の特性」

先ほど引用したＧＩ表示基準第２項は、地理的表示として指定する要件として、

一　**酒類の産地に主として帰せられる酒類の特性が明確であること**、かつ、
二　**その酒類の特性を維持するための管理が行われていること**

の2つを掲げていました。

このうち、第一の要件、すなわち、「酒類の産地に主として帰せられる酒類の特性が明確であること」の具体的内容として、ＧＩガイドライン第2章第1節は、以下の3つの要素をあげており、この3つの要素をすべて満たしている必要があるとしています。

---

①　酒類の特性があり、それが確立していること
②　酒類の特性が酒類の産地に主として帰せられること
③　酒類の原料・製法等が明確であること

まず、①の要素、「**酒類の特性があり、それが確立していること**」についてですが、「酒類の特性があること」とは、いったいどういうことなのでしょうか。

ＧＩガイドラインによると、地理的表示の指定を受けるにあたり、「酒類の特性」

があるといえるためには、（イ）**品質**、（ロ）**社会的評価**のいずれかの特性（またはその他の特性）があることが必要です。

（イ）の「品質」について特性があるというのは、「他の地域で製造される同種の酒類と比べて、原料・製法や製品により区別できること」をいいます。たとえば、

・原料の種類、品種、化学的成分等が独特である場合
・独特の製法によって製造される場合
・製品が、独特の官能的特徴や化学的成分等を有している場合

などがそうです。

また、（ロ）の「社会的評価」があるというのは、「広く社会的に評価及び認知されていること」をいい、実際に「それが新聞、書籍、ウェブサイト等の情報により客観的に確認できることが必要」となります。さらに、「表彰歴や市場における取引条件などにおいて、他の地域で製造される同種の酒類と区別でき、それが広く知られていることが必要」です。

これらの特性は次の要素により整合的に説明できるものでなければなりません。

・官能的要素（香味色たく、口あたり等）
・物理的要素（外観、重量、密度、性状等）
・化学的要素（化学成分濃度、添加物の有無等）
・微生物学的要素（酵母等の製品への関与等）
・社会学的要素（統計、意識調査等）

ここに列挙されている5つの要素のうち、官能的要素については、かならず説明できなければなりません。それ以外の要素については、網羅的に説明できる必要はなく、その酒類の特性に必要な要素だけ説明できればよいとされています。

説明にあたっては、具体的な表現を用いる必要があります。「おいしい」、「味が良い」、「良質」、「すばらしい」、「美しい」といった抽象的な表現では、酒類の特質の説明にはならないのです。GIガイドラインは、「各要素については、可能な範囲で計数や指標を使用することによって検証可能な形で説明し、他の地域で製造される同種の酒類との違いについても説明できることが望ましい」と付け加えています。後ほど、すでに指定されているワインの地理的表示の生産基準において、どのような説明がなされているのか確認することにしましょう。

「酒類の特性」の確立とは？

さて、第一の要件のうちの①の要素、「酒類の特性があり、それが確立していること」の後半部分についてですが、酒類の特性が「確立していること」とは、どういうことなのでしょうか。

ＧＩガイドラインによれば、「酒類の特性が確立しているとは、酒類の特性を有した状態で一定期間製造されている実績があることをいう」となっています。農水省の管轄となっている前述の地理的表示法では、特定農林水産物の地理的表示の登録要件として、25年以上という具体的な年数が示されています。酒類については、ガイドラインを見ても具体的な期間は書かれていません。

ＧＩガイドラインは、「『一定期間』の長さについては個別に判断することとなるが、その産地で酒類の製造が開始されてからこれまでの期間で判断するのではなく、その産地で製造される酒類の品質が安定し、酒類の特性が形成された時点以降の期間で判断する」ことを原則としています。その産地で最初にワインが造られはじめた時期が起点となるのではなく、その産地で、他の産地のワインと区別されるような特性をもったワインが造られるようになってからの期間の長さで、「確立している」かどうかが判断されることになります。その期間は、「酒類の製造記録、新聞、書籍やウェブサイト等の情報により確認できる必要」があります。ただし、その産地に複数のワイナリーが存在する場合には、「酒類の特性が形成された時点では、その全ての酒類製造業者において酒類の特性を有した酒類が取り扱われている必要はない」とされています。

第5章で述べる地理的表示「北海道」の生産基準には、昭和40年（1965年）頃から栽培に適したぶどうの品種選抜、ヤマブドウとの交配によるぶどう育種、ワイン醸造方法が模索されはじめたこと、昭和59年（1984年）に道産ワイン懇談会が設立され、製造者間の情報交換が活発になり、ぶどうの栽培・ワイン醸造方法が飛躍的に発展していったことが記載されています。1984年を起点として考えると、2018年に指定を受けるまでの期間は34年程度ということになります。

「酒類の特性が酒類の産地に主として帰せられること」とは？

次に、第一の要件のうちの②の要素、「**酒類の特性が酒類の産地に主として帰せられること**」ですが、この「主として帰せられること」というのは、なんとなく翻訳調で、少々理解しにくい表現です。

ＧＩガイドラインによると、「『酒類の特性が酒類の産地に主として帰せられる』とは、酒類の特性とその産地の間に繋がり（因果関係）が認められることであって、その産地の自然的要因や人的要因によって酒類の特性が形成されていることをいう」と説明されています。ワインの特性と産地の間に因果関係があるかどうか、がここでのポイントです。その産地で生み出されるワインのもつ特性が、その産地の自然的要因や人的要因に由来するものであることが説明されなければなりません。

ＧＩガイドラインは、「単に独自の原料・製法によって製造されているだけでは不十分であり、酒類の特性が産地と結びついていることが必要である」、あるいは、「単にその産地内で収穫されるぶどうを原料としているだけでは、産地に主として帰せられる特性とは言えない」としています。

またとくに、「酒類の『社会的評価が酒類の産地に主として帰せられる』と言えるためには、その地域に存在する個別の酒類製造業者の商品について評価及び認知されているだけでは不十分であり、その地域の酒類が全体としてその地域と繋がりがあるものとして社会的に評価及び認知されていることが必要である」とされています。特定の有名なワイナリーが存在していれば、直ちに産地の社会的評価が認められるというわけではないようです。

自然的要因と人的要因

あるワイン産地の自然的要因や人的要因によって、ワインの特性が形成されるということなのですが、ここでいう「**自然的要因**」や「**人的要因**」とは、具体的に何のことでしょうか。

ＧＩガイドラインは、「『自然的要因』とは、産地の風土のこと」であるとしています。よく使われる表現をあてるならば、「テロワール」ということでしょうか。

ワインについては、自然的要因として、「地形（標高、傾斜等）、地質、土壌、気候（気温、降水量、日照等）等がぶどうの品種、糖度、酸度、香味等にどのような影響を与えているかなど」が合理的に説明できなければなりません。

また、「『人的要因』とは、産地で人により育まれ伝承されている製法等のノウハウのこと」であって、「発明、技法、教育伝承方法、歴史等」によって酒類の特性が形成されたことの説明が求められます。たとえば、「ぶどうの栽培方法の改良等がどのようにその産地のぶどう酒の特性を形成しているか」といった説明がＧＩガイドラインに例示されています。

産地の範囲

産地の範囲については、「酒類の特性に鑑み必要十分な範囲である必要があり、過大や過小であってはならない」とされています。地理的表示に指定する産地は、都道府県、市町村、特別区、郡、区、市町村内の町または字などの区分によることが原則となっており、それらによる区分が困難な場合には、経緯度、道路や河川などによって明確に線引きできる必要があるとしています。

ワインの「特性に鑑み必要十分な範囲」であれば、市町村レベルよりも狭い範囲でも地理的表示の指定を受けることは可能です。たとえば、山梨県甲州市の「菱山《ひしやま》」、長野県塩尻市の「洗馬《せば》」、北海道余市町の「登町《のぼりちょう》」といった市町村の中の町や字を範囲とする地理的表示が考えられます。

これまでの登録事例を見てみると、地理的表示「山梨」については「山梨県」が、地理的表示「北海道」については「北海道」が産地の範囲に指定されています。ワイン以外では、焼酎の「壱岐」は「長崎県壱岐市」が、「球磨」は「熊本県球磨郡及び人吉市」が、「薩摩」は「鹿児島県（奄美市及び大島郡を除く。）」が、「琉球」（泡盛）は「沖縄県」が産地の範囲に指定されています。また、清酒の「白山」は「石川県白山市」が、「山形」は「山形県」が産地とされています。これらは、都道府県または市町村をそのまま産地の範囲とした事例といえるでしょう。2018年に指定された清酒の地理的表示「灘五郷」については、「兵庫県神戸市灘区、東灘区、芦屋市、西宮市」が産地の範囲とされており、政令指定都市（神戸市）の行政区（灘区、東灘区）の区分が用いられました。

他方で、清酒の地理的表示として、2015年に「日本酒」が指定されましたが、その産地の範囲は、「日本国」と規定されています。沖縄県を含む日本全土が「日本酒」の産地の範囲となっているのです。したがって、「日本酒」同様、日本全体を産地の範囲とするワインの地理的表示が指定されることも、理論的には排除されていないようです。

GIの名称

地理的表示の名称について、GIガイドライン第2章第2節によると、「保護すべき地理的表示の名称が複数存在する場合は、その全てを名称として指定することができる」とされています。もし、指定しようとする地理的表示が、すでに指定されている地理的表示の名称と同一の名称である場合には、相互に区別することができる名称を選ぶ必要があります。

産地の範囲と同様、地理的表示の名称は、原則として地名（産地名）でなければなりません。ここでいう地名（産地名）には、都道府県、市町村、郡、区、市町村内の町、字などの名称のほか、社会通念上、特定の地域を指す名称として一般的に熟知されている名称も含まれます。たとえば、すでに指定されている「薩摩」や「琉球」といった旧地名がそうです。

なお、ＧＩガイドラインは、「その名称が日本国において特定の場所、地域又は国を産地とする酒類を指し示す名称であれば、地名（産地名）でなくとも地理的表示の名称とすることができる」とする例外を認めています。ＥＵでも、スペインの「カバ（Cava）」（洞窟や地下蔵を意味するスペイン語であり、地名ではない。実際、スペインの多くの地域で生産されている）のように、地名ではない地理的表示が登録されているケースがあります。

産地の範囲の重複

フランスでは、有名なブルゴーニュ地方のＡＯＣのように、地理的表示が重複していることが少なくありません。複数の県・市町村にまたがる地方名の地理的表示

「AOCブルゴーニュ」、村名の地理的表示「AOCヴォーヌ・ロマネ」、そして、畑名の地理的表示「AOCロマネ・コンティ」といった重複事例がそうです。日本でも、将来、各産地で造られるワインの特徴が明確になってくると、既存の地理的表示の範囲をさらに限定し、より狭い範囲の地理的表示が生まれる可能性もあります。

GIガイドラインにも、一定の条件の下で、産地の範囲の重複を認めています。その条件とは、

（1）ある地理的表示の産地の範囲内に包含される狭い範囲の地理的表示を指定する場合には、その生産基準が広い範囲の地理的表示の生産基準をすべて満たした上で、その産地に主として帰せられる酒類の特性を明確にしていること。

（2）ある地理的表示の産地の範囲を包含する、より広い範囲の地理的表示を指定する場合には、狭い範囲の地理的表示の生産基準を踏まえた内容であること。

というものです。また、このどちらにもよりがたい場合には、「既存の地理的表示の産地の範囲から狭い産地の範囲を除くなど、地理的表示の範囲が重ならない形で指定する」ことになります。

地理的表示「北海道」の産地の範囲内に、新たに「余市」という地理的表示の指定を受けようとする場合、この「余市」の生産基準は、地理的表示「北海道」の生産基準をすべて満たすとともに、より厳格であることを求められます。

GIワインの原料

第一の要件のうちの③の要素、「**酒類の原料・製法等が明確であること**」について、GIガイドラインは第2章第1節で、「次に掲げる項目以外の項目についても、酒類の特性を明確にする観点から産地が自主的に定めることができる」としつつ、明確に示されるべき以下の項目を列挙しています。

（イ）原料

・産地内で収穫されたぶどうを85％以上使用していること

・酒類の特性上、原料とするぶどうの品種を適切に特定し、品種ごとのぶ

どうの糖度の範囲を適切に設定すること
・原料として水を使用していないこと
・原則として、ブランデーやアルコール等を加えていないこと

ここで、「産地内で収穫されたぶどうを85％以上使用していること」という条件は、製法品質表示基準が、日本ワインの地名表示の基準として、収穫地の地名を表示するにあたり、その収穫地で収穫されたぶどうを85パーセント以上使用することを求めている点と同一といえます。また、ＥＵの保護地理的表示（ＩＧＰ）や新世界のワイン生産国における地理的表示基準の多くが85パーセント以上を要件としていることからしても、この基準は、国際基準をふまえた数字になっているものといえます。もっとも、後述するように、地理的表示「山梨」、「北海道」のいずれも、実際には、それぞれ、山梨県内で収穫されたぶどう１００パーセント使用、北海道内で収穫されたぶどう１００パーセント使用という生産基準を設けており、他産地のぶどうの使用は一切認めていません。

また、地理的表示の指定を受けるにあたって、使用品種を特定し、品種ごとの糖度の範囲を設定しなければなりません。２０１３年に「山梨」が地理的表示に指定

された時点では、「ヴィニフェラ種」と一括して生産基準に記載されていましたが、現在では、個々の品種名が列挙されています。指定された品種以外のぶどうを使用した場合や、糖度基準に満たないぶどうを使用した場合には、そのワインは、地理的表示を使用することができません。

「原料として水を使用していないこと」という条件も置かれていますが、日本ワインの定義においても、「原料として水を使用したもの」は、日本ワインから除外されることになっています。

ＧＩワインの製法

ＧＩガイドラインは、地理的表示ワインの製法に関して、以下の項目を列挙しています。

（ロ）製法

・産地内で醸造が行われていること

・酒類の特性上、製造工程において貯蔵が必要なものについては、産地内で貯蔵が行われていること

・糖類及び香味料を加えること（補糖・甘味化）を認めること又は認めないことを示していること。認める場合については、加えることのできる糖類及び香味料の量を適切に設定すること
・酸類を加えること（補酸）を認めること又は認めないことを示していること。認める場合については、加えることのできる酸の量を適切に設定すること
・除酸することを認めること又は認めないことを示していること。認める場合については、減ずることのできる酸の量を適切に設定すること
・総亜硫酸の重量を、ぶどう酒1キログラム当たり350ミリグラム以下の範囲で設定すること

地理的表示ワインには、産地内での醸造・貯蔵が求められます。製法品質表示基準も、地名表示の要件として、原則として地名の示す範囲内での醸造を求めていたことを考えると、特別に厳しい要件とはいえないでしょう。

GIガイドラインは、地理的表示ワインについて、「糖類及び香味料を加えること（補糖・甘味化）」を認めるかどうかを決めることを求めています。ぶどう果汁

は、アルコール発酵によってワインになるのですが、その際、果汁の中に十分な糖分が含まれていなければ、アルコール度の低いワインになってしまいます。

アルコール発酵は、数段階のプロセスに分けられますが、全体として見ると、

$$C_6H_{12}O_6 \rightarrow 2C_2H_5OH + 2CO_2$$

という化学式に示されるように、1分子のグルコース（$C_6H_{12}O_6$）からエタノール（C_2H_5OH）と二酸化炭素（CO_2）が2分子ずつできる反応だといえます。グルコースというのは、ブドウ糖とも呼ばれ、ぶどうなどの果実に含まれるほか、私たちの血液の中を血糖として循環しています。

一般に、ぶどう果汁の糖度は、ブリックス（Brix）値で表されます。すなわち、1グラムのショ糖が20℃の水溶液100グラムに溶けているとき、その溶液のブリックス値が1度であるとされます。糖度が24度のぶどう果汁をアルコール発酵させると、およそアルコール度12パーセントのワインになりますが、果汁糖度24度のぶどうを得ることは、日本の気候条件の下では容易ではありません。したがって、果汁の糖度を引き上げ、ある程度のアルコール度を得るために、ぶどう果汁に糖類を加

えたり、甘味化をすることがあるのです。

このような補糖や甘味化は、日本だけでなく、多くの国で認められています。フランスでは、このような行為を「シャプタリザシオン」と呼んだりしています（これを認めたナポレオン1世治下の農務大臣ジャン・アントワーヌ・シャプタルに由来）。天候に恵まれない産地や、冷涼な地域では、補糖をすることなく品質上安定したワインを造ることは困難です。他方で、十分な果汁糖度に達することができる温暖な地域では、補糖しなくてもアルコール度の高いワインが得られることから、補糖が禁止されていることもあります。

ワインには酸が含まれていますが、その量が少なすぎたり多すぎたりすると、バランスの悪いワインになってしまいます。このため、ワイン醸造の過程で、補酸や除酸が行われることがあります。概して温暖な地域ではぶどうの酸性度が低く、冷涼な地域では酸性度が高くなる傾向があります。

亜硫酸（二酸化硫黄）は、ぶどう果汁やワインの酸化を防止するために添加されます。日本では、1キログラムあたり350ミリグラム（ppm）が上限となっていますので、これよりも低い総亜硫酸量を設定しなければなりません。なお、GIガイドラインでは、「補糖・甘味化、補酸、除酸及び総亜硫酸の値の設定に当たっては、地域の気候・風土やぶどう品種を勘案し、過大なものであってはならない」とする注書きが付けられています。

GIワインの「製品」要件

ＧＩガイドラインでは、「製品」に関する要件として、

（ハ）製品
・「果実酒等の製法品質表示基準」に規定する「日本ワイン」であること
・アルコール分について適切に設定すること
・総酸の値を適切に設定していること
・揮発酸の値を適切に設定していること

が列挙されています。

製法品質表示基準では、そもそも日本ワインでなければ地名の表示が認められないことになっていますので、「『日本ワイン』であること」というのは、当然の要件といえます。

第5章で後述するように、これらの値のうち、地理的表示「山梨」および「北海道」では、総酸については下限が、揮発酸については上限が設定されています。揮発酸とは、ワインに含まれる酢酸などの有機酸のことで、刺激臭をもっているため、その値が高くなると不快なワインになってしまいます。

特性を維持するための管理

GI表示基準第2項に示されている第二の要件は、「**その酒類の特性を維持するための管理が行われていること**」でした。地理的表示の指定を受けるには、その産地の自主的な取組みにより、酒類の特性を維持するための確実な管理が行われていなければなりません。

GIガイドライン第2章第1節によると、この第二の要件が認められるためには、一定の基準を満たす管理機関が設置されていること、そして、この管理機関が、地理的表示を使用する酒類について、次の2点の確認を継続的に行っていることが必要です。

――①　生産基準で示す酒類の特性を有していること

――②　生産基準で示す原料・製法に準拠して製造されていること

なお、生産基準で示す原料・製法などが酒税法その他の法令の規定により明瞭であって、かつ、国税庁による検査などで酒類の特性が継続的に管理されている場合には、管理機関による継続的な確認と同様の管理が行われているものとみなされることがあります。

管理機関の構成と業務

管理機関は、どのような団体でもよいというわけではなく、次に掲げる基準を満たしていなければなりません。

イ　主たる構成員が地域内の酒類製造業者であること
ロ　代表者又は管理人の定めがあること
ハ　構成員は任意に加入し、又は脱退することができること
ニ　管理機関が実施する業務について、構成員でない酒類製造業者も利用できること

ホ　管理機関の組織としての根拠法、法人格の有無は問わないが、特定の酒類製造業者が組織の意思決定に関する議決権の50％超を有していないこと

管理機関の業務についても要件があり、次に掲げる業務の実施を義務付けられます。また、管理機関は業務実施要領を作成し、構成員に配付しなければなりません。

イ　地理的表示を使用する酒類が、生産基準のうち酒類の特性に関する事項及び原料・製法に関する事項に適合していることの確認（以下「確認業務」という。）
ロ　消費者からの問い合わせ窓口
ハ　地理的表示の使用状況の把握、管理
ニ　国税当局からの求めに応じて、業務に関する資料及び情報を提供すること
ホ　その他イからニまでに付随する業務

これらの業務の中でもっとも重要なのは、もちろん、イの「確認業務」です。

管理機関による「確認業務」

ＧＩガイドラインによると、確認業務には、「酒類の特性に関する事項の確認」と「原料・製法に関する事項の確認」があり、書類などの確認、理化学分析、官能検査によって行われます。実際の確認方法、確認時期や頻度については、管理機関の業務実施要領で設定することになります。

このうち、「酒類の特性に関する事項の確認」は、理化学分析と官能検査によって行われます。ワインと清酒は、出荷前に、酒類の特性に関する事項の確認が義務付けられています。

理化学分析は、あらかじめ定めた成分の基準に合致しているかどうかを確認するためのもので、製品ロットごとに行われます。官能検査では、酒類の特性としてあらかじめ定めた官能的要素に合致していないような明らかな欠点がないかどうかの確認が行われます。なお、理化学分析と官能検査を他の機関に委託して実施することも認められています。

「原料・製法に関する事項の確認」は、書類などの確認と理化学分析によって行われます。その頻度は、最低でも年1回とされています。

GI指定には全ワイナリーの同意が必要

GI表示基準第2項によれば、「酒類の産地に主として帰せられる酒類の特性が明確である」という第一の要件、そして、「その酒類の特性を維持するための管理が行われている」という第二の要件が満たされていれば、地理的表示の指定を受けることができます。しかし、前述のように、地理的表示としての使用が商標権を侵害するおそれがある表示、酒類の一般的な名称として使用されている表示、その他保護することが適当でないと認められる表示などについては、国税庁長官は、それを地理的表示には指定しないこととなっています（GI表示基準第3項）。

また、GIガイドラインは第2章第2節で、

> 地理的表示の指定に当たっては、原則として産地の範囲に当該酒類の品目の製造場を有する全ての酒類製造業者が、適切な情報や説明を受けた上で、地理的表示として指定することについて反対していないことが確認できた場合に行う。

としています。その理由については、同第3章第1節で以下のように説明されて

います。少し長くなりますが、ここに引用しておきましょう。

　地理的表示の指定により、その産地の酒類のうち一定の要件を満たした酒類だけが独占的に産地名を名乗ることができることとなるため、要件を満たさない酒類を製造している酒類製造業者は、産地名が名乗れなくなることにより事業活動に影響が生じる可能性がある。

　また、酒類販売業者が行う広告における表示や店頭での販売促進のための表示等においても、適切に地理的表示の名称を表示した酒類のみ当該名称を名乗って販売することができることとなるため、事業活動に影響が生じる可能性がある。

　したがって、地理的表示の指定は、原則として産地の範囲に当該酒類の品目の製造場を有する全ての酒類製造業者が、適切な情報や説明を受けた上で、地理的表示の指定に反対していないことを確認できた場合に行うこととしており、また、当該産地の範囲の酒類販売業者からの意見聴取も必要としていることに留意する。

一般の地名表示とは異なり、ある産地名が地理的表示に指定されると、生産基準に定められた一定の要件を満たしたワインでなければ、その産地名を名乗ることができなくなります。その要件を満たしていないワインを造っているワイナリーは、ワインの仕様を変更しない限り、その産地名を名乗ることができず、事業活動に影響が生じるおそれがあります。したがって、その産地の範囲にワイナリーをもつすべての酒類製造業者が地理的表示の指定に同意することが求められているのです。

また、ワインショップなどの酒類販売業者が行う広告や店頭での表示についても、同様に、生産基準に適合するワインでなければ地理的表示を名乗ることができなくなり、影響が生じるおそれがあるため、その産地の範囲の酒類販売業者からの意見聴取も必要とされています。

パブリックコメントの募集

地理的表示の指定によって影響を受けるのは、産地内のワイナリーや販売業者だけではありません。そこで、指定に際しては、事前にパブリックコメントの募集が行われます（GI表示基準第7項）。

国税庁長官は、第２項の指定又は前項の確認をするときは、関連する資料をあらかじめ公示し、広く一般の意見を求める。

この意見募集は、行政手続法にもとづく意見公募手続きとして実施され、少なくとも30日間行うことになっています。また、意見募集にあたっては、地理的表示の名称について、その翻訳も保護の対象となることが示されます。

国税庁長官は、意見募集の結果をふまえ、地理的表示として指定することが適当であると認める場合には、地理的表示の指定を行います。指定する地理的表示の名称、産地の範囲、酒類区分が官報に公告され、その生産基準については、国税庁ホームページに掲載されます。

保護の効果

地理的表示に指定されると、それ以降、その地理的表示を使用する場合には、原則として、使用した地理的表示の名称のいずれか一箇所以上に「地理的表示」、「Geographical Indication」または「ＧＩ」の文字をあわせて使用しなければなりません。ただし、指定の日から２年を経過していない地理的表示などについては、これらの記載は任意となります。

国税庁長官によって指定された地理的表示は法的に保護されます。ＧＩ表示基準第９項は、保護の効果について、

地理的表示の名称は、当該地理的表示の産地以外を産地とする酒類及び当該地理的表示に係る生産基準を満たさない酒類について使用してはならないものとする。当該酒類の真正の産地として使用する場合又は地理的表示の名称が翻訳された上で使用される場合若しくは「種類」、「型」、「様式」、「模造品」等の表現を伴い使用される場合においても同様とする。

と規定しています。「当該酒類の真正の産地として使用する場合」、「地理的表示の名称が翻訳された上で使用される場合」、「『種類』、『型』、『様式』、『模造品』等の表現を伴い使用される場合」のように、公衆が誤認しないような方法であったとしても、産地外のワインや、生産基準に適合しないワインがその地理的表示を使用することは許されません。ＴＲＩＰＳ協定にいう「追加的保護」が与えられるのです。「地理的表示の名称が翻訳された上で使用される場合」の「翻訳」には、音訳も含

まれます。漢字の地理的表示の名称の読みをカタカナやローマ字などに置き換えて使用する場合がそうです。たとえば、「北海道」を「ほっかいどう」、「ホッカイドウ」、「Hokkaido」、「Хоккайдо」、「홋카이도」に置き換えて表示する場合も、ここでいう地理的表示の使用にあたります。

ＧＩ表示基準第１項第９号によると、地理的表示の「使用」とは、酒類製造業者または酒類販売業者が行う行為で、次に掲げる行為をいいます。

イ　酒類の容器又は包装に地理的表示を付する行為

ロ　酒類の容器又は包装に地理的表示を付したものを譲渡し、引き渡し、譲渡若しくは引渡しのために展示し、輸出し、又は輸入する行為

ハ　酒類に関する広告、価格表又は取引書類に地理的表示を付して展示し、又は頒布する行為

なお、「容器」とは、酒類を収容し当該酒類とともに消費者・料理店などに引き渡されるびん、缶、樽などの器をいい、「包装」とは、酒類を収容した容器とともに消費者・料理店などに引き渡される化粧箱、包み紙その他これらに類するもののこと

です。消費者の目に触れることなく、運送や保管のためだけに用いられるものであっても、ここでいう「容器」や「包装」に含まれます。

商標・人名・会社名などとの調整

ＧＩ表示基準第10項は、一定の場合には、ＧＩ表示基準第９項は適用されないとする「適用除外」規定を置いています。次の（1）から（8）までのいずれかに該当する場合がそうです。

（1） 産地の範囲が日本国以外の世界貿易機関の加盟国にあるぶどう酒又は蒸留酒の地理的表示の名称を、平成６年４月15日前の少なくとも10年間又は同日前に善意で、ぶどう酒又は蒸留酒の商標（商標法第２条第１項に規定する商標をいう。以下同じ。）として日本国で継続して使用してきた場合に、当該商標を使用していた者がそのぶどう酒又は蒸留酒に当該商標を使用する場合

（2） 地理的表示の名称と同一若しくは類似の表示又はこれらの表示を含む登録商標について、平成８年１月１日前又は第２項の指定（第５項の規定によ

地理的表示「山梨」のワインには、ラベルに「GI Yamanashi」、「地理的表示『山梨』」などと記載されている

り名称を変更した場合には当該変更）若しくは第6項の確認をした日前の商標登録出願に係る登録商標に係る商標権者その他商標法の規定により当該登録商標の使用（同法第2条第3項に規定する使用をいう。）をする権利を有する者が、その商標登録に係る指定商品又は指定役務（同法第6条第1項の規定により指定した商品又は役務をいう。）について当該登録商標を使用する場合

（3）第2項の指定（第5項の規定により名称を変更した場合には当該変更）又は第6項の確認をした日前に使用されていた商標その他の表示について、国税庁長官が第8項の規定による公告の際に、前項の規定を適用しないものとして公示した当該商標その他の表示を使用する場合

（4）自然人の氏名又は法人の名称として地理的表示の名称と同一又は類似の表示を使用する場合（公衆が地理的表示と誤認するような方法で使用する場合を除く。次号及び第6号において同じ。）

（5）酒類製造業者の製造場又は酒類販売業者の販売場の所在地として地理的表示の名称と同一又は類似の表示を使用する場合

（6）酒類の原料の産地として地理的表示の名称と同一又は類似の表示を使用

する場合

（7）地理的表示の酒類区分と異なる酒類区分の酒類に地理的表示の名称と同一又は類似の表示を使用する場合

（8）第6項の確認をした地理的表示が次のいずれかに該当することとなり、その旨を官報により公告した地理的表示を使用する場合

イ　確認した日以後に、地理的表示が第3項第1号から第3号までの表示に該当することとなった場合

ロ　確認した日前に地理的表示が第3項第1号から第3号までの表示に該当していたことが、確認した日から三箇月以内に明らかになった場合

まず、（1）については、TRIPS協定よりも前から、外国の地理的表示を日本国内で商標として継続的に使用してきた場合の例外になります。これは、TRIPS協定第24条4に定められた例外（加盟国の国民又は居住者が、ぶどう酒又は蒸留酒を特定する他の加盟国の特定の地理的表示を、（a）1994年4月15日前の少なくとも10年間又は（b）同日前に善意で、当該加盟国の領域内においてある商品又はサービスについて継続して使用してきた場合には、この節のいかなる規定も、当

該加盟国に対し、当該国民又は居住者が当該地理的表示を同一の又は関連する商品又はサービスについて継続してかつ同様に使用することを防止することを要求するものではない。）に対応するものといえるでしょう。

（２）は、ある地理的表示の名称と同じか、それと類似する商標、地理的表示の名称を含む商標が、その地理的表示が国税庁長官によって指定される前に、登録商標になっていた場合の例外です。ＴＲＩＰＳ協定第24条５でも、「当該地理的表示がその原産国において保護される日」の「前に、商標が善意に出願され若しくは登録された場合又は商標の権利が善意の使用によって取得された場合には、この節の規定を実施するためにとられる措置は、これらの商標が地理的表示と同一又は類似であることを理由として、これらの商標の登録の適格性若しくは有効性又はこれらの商標を使用する権利を害するものであってはならない」とする例外が認められています。

（３）は、地理的表示が指定された日よりも前から使用されていた登録商標ではない商標その他の表示に関する例外です。国税庁長官は、地理的表示の指定を公告する際に、特定の「商標その他の表示」については、ＧＩ表示基準第９項の規定を適用しないと公示する場合があります。この点に関して、ＧＩガイドラインは第３章

第1節で、「地理的表示の指定により使用できなくなる当該酒類の商標その他の表示のうち、引き続きその使用を認めるべき商標等は、必要最小限の範囲で認めることとする」としています。これまでの具体例を見てみると、地理的表示「山梨」との関係で、「甲州市原産地呼称ワイン認証条例（平成20年甲州市条例第34号）の規定により行う認証の表示」がこれに該当し、ＧＩ表示基準第9項の適用を除外されています。この表示は、地理的表示「山梨」が指定される前から使用されていたものであって、地理的表示の指定後も、引き続き表示が認められています。また、ワインの例ではありませんが、清酒の地理的表示「山形」に関して、「山形の地酒　清酒ん時代」、「山形の地酒　出羽の四季辛口」および「山形の酒　鶴寿千歳」の3つは表示基準第9項の規定が適用されず、地理的表示の指定後も引き続き認められるものとして公示されています。

（4）（5）（6）については、地理的表示の名称と同じであったり、類似する表示を、自然人の氏名、法人の名称、酒類製造業者の製造場の所在地、酒類販売業者の販売場の所在地、酒類の原料の産地として使用する場合の例外です。ただし、「公衆が地理的表示と誤認するような方法で使用する」ことはできません。

（7）は、地理的表示の酒類区分と異なる酒類区分の酒類に地理的表示の名称と同一または類似の表示を使用する場合の例外です。清酒の地理的表示として「山形」が指定されていますが、ワインと清酒は酒類区分が異なりますので、製法品質表示基準にしたがい、山形県内で収穫されたぶどうを85パーセント以上使用し、山形県内で醸造された日本ワインについて「山形」の表示をすることは可能です。

（８）は、外国の地理的表示につき、その国で、その地理的表示が保護されなくなった場合などの例外です。その旨が官報により公告されると、ＧＩ表示基準第９項の規定は適用されません。

地理的表示の変更

地理的表示の指定後、変更する必要が生じたときは、所定の手続きにしたがい、それを変更することができます。ＧＩ表示基準第５項は、

国税庁長官は、指定した地理的表示の生産基準、名称、産地の範囲及び酒類区分を変更することができる。

と規定しています。

地理的表示の変更には、条件があります。GIガイドラインは第1章第7項で、地理的表示の変更内容が、ガイドラインの「第2章で規定する『地理的表示の指定に係る指針』に準拠していると認められた場合にのみ行う」としています。

GI表示基準第5項によると、「生産基準、名称、産地の範囲及び酒類区分」の変更であれば可能であるように読めますが、GIガイドラインは、「生産基準のうち酒類の産地に主として帰せられる酒類の特性に関する事項の変更については、原則として行わない」こと、また、「名称、産地の範囲、酒類区分又は生産基準のうち酒類の品目に関する事項の変更については、原則として法令改正又は他の地理的表示の指定に起因する変更についてのみ行う」こととしており、かならずしも、すべての事項が変更できるわけではありません。

地理的表示の変更は、法令改正や、他の地理的表示の指定にともなう変更の場合を除いて、その地理的表示の管理機関からの申立てにもとづいて行われます。変更の場合にも、必要に応じて意見募集を行うことになっています。

ワインの地理的表示に関しては、2013年7月16日に指定された「山梨」の生産基準が、2017年6月26日に変更された例があります。

第5章　ＧＩワインの生産基準

〜「山梨」と「北海道」〜

第5章

ＧＩワインの生産基準 〜「山梨」と「北海道」〜

日本版ＡＯＣとしての地理的表示

繰り返し述べてきたように、製法品質表示基準にもとづく一般の地名表示と地理的表示には根本的な違いがあります。その産地のぶどうを使い、産地内で醸造したワインであっても、生産基準に適合したものでなければ、その地理的表示を使用することができません。地理的表示の生産基準には、前章で詳しく紹介した個々の要件が明記されています。地理的表示を使用するためには、その生産基準に則ってワインを造ることが必要です。

フランスのＡＯＣワインと同じように、日本の地理的表示においても、使用品種、果汁糖度、アルコール度など、ワインの品質にかかわる要件を盛り込むことが求められており、さらに、出荷前の官能検査の実施が義務付けられています。したがって、この地理的表示は、「日本版ＡＯＣ」とでもいうべきものであり、一般の産地とは区別される、ワンランク上のワイン産地として保護されるのです。

２０１９年12月末時点では、日本国内のワインの地理的表示として、「山梨」と「北海道」の２件が指定されています。本章では、この２つの地理的表示の生産基準を見ていくことにしましょう。

生産基準の構成

地理的表示「山梨」および「北海道」の生産基準を見てみると、次のように４つの部分から構成されていることがわかります。

１　酒類の産地に主として帰せられる酒類の特性

（1）酒類の特性について

イ　官能的要素

ロ　化学的要素

（2）酒類の特性が酒類の産地に主として帰せられることについて

イ　自然的要因

ロ　人的要因

2　酒類の原料及び製法に関する事項

（1）原料

（2）製法

3　酒類の特性を維持するための管理に関する事項

4　酒類の品目に関する事項

このうち、3（酒類の特性を維持するための管理に関する事項）および4（酒類の品目に関する事項）は、いわば形式的に記載する事項で、とくに4については、「果実酒」と記されているだけです。3では、管理機関の名称、住所、電話番号などが記載されています。「山梨」については、「地理的表示『山梨』管理委員会」が、「北海道」については、「地理的表示『北海道』使用管理委員会」が、それぞれ管理機関として、その作成する業務実施要領にもとづき、地理的表示を使用しようとするワインが「酒類の産地に主として帰せられる酒類の特性に関する事項」および「酒類の原料及び製法に関する事項」を満たしていることについて、確認を行うことになっています。

「山梨」および「北海道」のいずれについても、生産基準の大半は、１（酒類の産地に主として帰せられる酒類の特性）および２（酒類の原料及び製法に関する事項）の記述にあてられています。

地理的表示「山梨」の特性

まず、１（酒類の産地に主として帰せられる酒類の特性）のうち、（1）の「**酒類の特性**」が、具体的にどのように説明されているかを見てみたいと思います。

地理的表示「山梨」の生産基準は、次のような官能的要素と化学的要素によってそのワインの特性を説明しています。

イ　官能的要素

山梨ワインは、甲州やマスカット・ベーリーＡなどの山梨で古くから栽培されているぶどうや、ヨーロッパを原産とするヴィニフェラ種など、様々なぶどう品種について、山梨の自然環境に根付くよう品種選抜や栽培方法等の工夫を行ってきたことにより、ぶどう本来の香りや味わいといった品種特性がよく現れたバランスの良いワインである。

その中でも甲州を原料としたワインは、香り豊かで口中で穏やかな味わいを感じることができ、またドライなワインはフルーティーな柑橘系の香りとはつらつとした酸味を有する。

また、マスカット・ベーリーAを原料としたワインは、鮮やかな赤紫色の色調を有し、甘さを連想させる華やかな香りとタンニンによる穏やかな渋味を有する。

さらに、ヴィニフェラ種を原料とした白ワインは、やや穏やかな酸味とよく熟したヴィニフェラ種特有の果実の香りを有し、口に含むとボリューム感に富んでいる。ヴィニフェラ種を原料とした赤ワインは、しっかりとした色調を有し、タンニンによるボディの強さとふくよかさのバランスが良い。

ロ　化学的要素

山梨ワインは、アルコール分、総亜硫酸値、揮発酸値及び総酸値が次の要件を満たすものをいい、発泡性を有するものも含む。

（イ）　アルコール分は8・5％以上20・0％未満。ただし、補糖したものは上限値を15・0％未満とし、甘口のもの（残糖分が45g／L以上のものをいう。以下同じ。）は下限値を4・5％以上とする。

（ロ）　総亜硫酸値は２５０㎎／Ｌ以下（甘口のものを除く。）。
（ハ）　揮発酸値は赤ワインで１・２ｇ／Ｌ以下。白ワイン及びロゼワインで１・０８ｇ／Ｌ以下。
（ニ）　総酸値は３・５ｇ／Ｌ以上。

地理的表示「北海道」の特性

地理的表示「北海道」の生産基準は、次のような官能的要素と化学的要素によってそのワインの特性を説明しています。

イ　官能的要素

白ワインは、色合いは、一般的に透明に近いものから淡黄色を有している。香りは、豊かで、華やかな花や青リンゴや柑橘系の果実の香り（アロマ）を有している。味わいは、豊かな酸味を有し、辛口のものではその酸味が鮮明に感じられ、甘口のものでは酸味と甘味の調和が取れ、いずれもフルーティで軽快である。

赤ワインは、色合いは、一般的に薄めの鮮紅色からやや濃い赤紫色を有している。香りは、スパイスや果実の香り（アロマ）を有しているもののほか、軽快な熟成香（ブーケ）を有しているものがある。味わいは、中程度もしくは軽めであり、はっきりとした酸味と穏やかな渋味を有し、長期熟成した場合でも果実味が感じられる。

ロゼワインは、色合いは、一般的に紫系からオレンジ系の色合いを有している。香りは、豊かな果実の香り（アロマ）を有している。味わいは、甘口のものでは原料ぶどうを連想させる程良い甘味と酸味のバランスが良く、辛口のものではその酸味が鮮明に感じられ、いずれもフルーティで爽やかである。

ロ　化学的要素

北海道のワインは、アルコール分、総亜硫酸値、揮発酸値及び総酸値が次の要件を満たすものをいい、発泡性を有するものも含む。

(イ) アルコール分は14・5％以下。

(ロ) 総亜硫酸値は３５０㎎／kg以下。

(ハ) 揮発酸値は１・５ｇ／Ｌ以下。

(ニ) 原則として補酸することなく、果汁糖度21％未満のぶどうを原料とした場合には、総酸値が白ワイン及びロゼワインで５・８ｇ／Ｌ以上（酒石酸換算、以下同じ。）、赤ワインで５・２ｇ／Ｌ以上、果汁糖度21％以上のぶどうを原料とした場合には、総酸値が白ワイン及びロゼワインで５・４ｇ／Ｌ以上、赤ワインで４・８ｇ／Ｌ以上であるものをいう。

「山梨」と「北海道」の生産基準を比較してみると、「山梨」では、アルコール分の上限と下限が設定（８・５パーセント以上20・０パーセント未満。ただし、補糖したものは上限値15・０パーセント未満、甘口ワインは下限値４・５パーセント以上）されているのに対して、「北海道」では、上限値のみが設定（14・５パーセント以下）され、下限値は示されていません。

総亜硫酸値は、「北海道」が１キログラムあたり３５０ミリグラム以下という一般の上限値であるのに対して、「山梨」では、甘口ワインを除いて、１リットルあたり２５０ミリグラムが上限値に設定されています。揮発酸値は、「北海道」では、赤、白、ロゼにかかわらず１リットルあたり１・５グラムが上限値ですが、「山梨」では赤ワインで１リットルあたり１・２グラム、白・ロゼワインで１・０８グラムと、「北海道」よりも厳しい上限値が設定されています。

総酸値については違いが顕著で、「山梨」では、赤、白、ロゼにかかわらず1リットルあたり3・5グラムが下限値ですが、「北海道」では、これよりも厳しく、白・ロゼワインは1リットルあたり5・8グラム、赤ワインは5・2グラム（果汁糖度21パーセント以上の場合、白・ロゼは1リットルあたり5・4グラム、赤は4・8グラム）という下限値が設定されています。ちなみに、EUワイン法は、原則として、1リットルあたり3・5グラムを下限値としており、「山梨」の生産基準は、これにならったものと思われます。

「北海道」の生産基準において、アルコール分の下限値が設定されていないことや、総酸値については「山梨」よりも高い下限値が設定されている点は、冷涼な気候ゆえにぶどうの糖度が上がりにくい一方、酸が高くなりがちな北海道産ワインの特徴をふまえたものといえるでしょう。

「山梨」の自然的要因

地理的表示の指定を受けるには、（2）の「**酒類の特性が酒類の産地に主として帰せられること**」が説明できなければなりません。ワインの特性と産地との関連性は、その産地の「自然的要因」と「人的要因」の2つの要因によって説明することになります。では、まず、地理的表示「山梨」の生産基準において、自然的要因がどのように説明されているかを見てみましょう。

イ　自然的要因

山梨県は、西側の県境を走る赤石山脈系の高山群と、南側の県境から北東に伸びる富士火山系の高山群に囲まれた山間地である。海洋の影響が少ないため、梅雨や台風の影響を受けにくく、盆地特有の気候として、日中は気温が上昇するが、朝夕は大きく気温が低下するため、１日の気温差が大きい。

この自然環境により、ぶどうの成育期においては、梅雨による多湿の影響が少なく、成熟期においても台風等による風害や日照不足を原因とする病害が発生しにくいため、ぶどうの栽培に適しており、ぶどうの着色や糖度などの品質全体に良い影響を与えている。ぶどう栽培地は、主として富士川の支流流域に沿って広がっている。多くのぶどう栽培地は、花こう岩及び安山岩の崩壊土から成る、土層が深く肥沃で排水も良好な緩傾斜にある。このような好条件を有するため、ぶどうは健全でよく熟し、品種特性がよく維持されたバランスの良いワインとなる。

日本は、湿度が高く、ぶどうの成育・成熟期にまとまった雨に見舞われることが常であることから、ワイン用ぶどう栽培には適していないといわれてきました。高い湿度や雨は、ぶどうの病害の原因となるからです。その中でも山梨県は、比較的降水量が少なく、日照時間が長いことで知られ、同県甲州市勝沼の年平均降水量は1080・9ミリ、年平均日照時間は2163・6時間となっています（表8）。東京の年平均降水量は1528・8ミリ、年平均日照時間は1876・7時間ですから[*1]、山梨県がぶどう栽培に適した気候であることがわかるでしょう。

「1日の気温差」は日較差といいますが、これも良質のぶどうを得るために重要な要素となります。山梨県では、夜間は周囲の山より冷気流が集まって気温が冷却し、日中は急に気温が上昇することによって大きな気温変化が生じます。勝沼の日最高気温平均は20・1度、日最低気温平均は9・0度となっており、11度以上の差があります。

このほか、緩やかな傾斜地が多いことや、水はけがよいことなども自然的要因として指摘されています。

＊1　気象庁データより引用（統計年数は1981年から2010年の30年間）

表８　山梨県甲州市勝沼の平年値

要素	降水量 (mm)	平均気温 (℃)	日最高気温 (℃)	日最低気温 (℃)	日照時間 (時間)
1月	36.0	2.0	8.2	-3.0	198.7
2月	39.5	3.4	9.6	-1.8	186.7
3月	72.9	7.2	13.5	1.8	193.7
4月	71.2	13.1	20.0	7.3	202.6
5月	83.2	17.6	24.3	12.3	192.4
6月	121.3	21.1	27.0	16.6	149.7
7月	123.8	24.7	30.5	20.6	167.5
8月	150.4	25.7	32.1	21.5	197.3
9月	181.7	21.8	27.6	17.7	148.5
10月	117.3	15.5	21.4	11.0	158.1
11月	52.7	9.5	15.9	4.5	176.0
12月	31.0	4.3	10.7	-0.7	197.0
年	**1080.9**	**13.8**	**20.1**	**9.0**	**2163.6**

統計年数は1981年から2010年の30年間。ただし、日照時間の統計年数は1986年から2010年の25年間

（出所：気象庁データ）

「山梨」の人的要因

自然的要因につづいて、「山梨」の生産基準では、次のような人的要因が説明されています。

ロ　人的要因

山梨ワインの生産は、1870年頃から始まったといわれている。当時は、栽培されたぶどうのほとんどが生食用として消費されており、その余剰により ワインの生産が行われていた。ぶどうの栽培量が増加しても、ワインに加工し販売することができたため、農家は過剰生産を恐れずにぶどう栽培に取り組むことができ、ぶどう栽培技術の創意や改善が重ねられていった。これに合わせて、ワインの製造量も増加し、醸造技術も蓄積されていくなどの好循環が生まれ、地域の経済発展を担ってきた。

このようなワイン産業に対しては、明治時代より、政府や山梨県庁、市町村が法的整備や資金支援、品種改良に関する研究開発など様々な支援を行ってきた。現在は、県の機関として山梨県工業技術センターの中にワインセンター、山梨県果樹試験場の中に醸造用ぶどう栽培部門が設置されており、ぶどう栽培やワイン醸造の研究開発のみならず、山梨のワイン製造者に対する技術指導・支援を行っており、高品質な山梨ワインを生産する技術的基盤になっている。また、山梨大学には１９４７年に発酵研究所（現ワイン科学研究センター）が設置されるなど、更なる研究開発や人材育成に注力している。

日本のぶどう産地はヨーロッパのぶどう産地に比べれば降雨量が多く、山梨県もぶどうの栽培期間中に雨の影響を受けるが、山梨県のワイン事業者は、垣根栽培のぶどうに傘をかけたり、雨の跳ね返りを防ぐため垣根の高い位置でぶどうを育てるなど、様々な工夫により、品質の高いぶどう栽培を根付かせてきた。

山梨ワインは、魚介類の食事とワインを合わせた際に生臭みの原因となる物質を発生させる鉄分の量が海外で生産されるワインと比べ総じて少ない。これは、山梨県は海洋に面していない地域でありながら、寿司屋が多いなど魚介類の消費を好む傾向があり、このような地域の人々の嗜好に合うよう、ワインの製造工程で工夫が重ねられた結果であるといえる。山梨ワインは和食等の魚介類を材料に用いた食事と相性が良く、山梨県の人々にとって、ワ

――インが身近な飲み物として定着してきた一つの要因といえる。

よく知られているように、山梨県は、日本を代表するぶどう産地であり、ワイン産地です。山梨では、明治時代から本格的にワインが造られてきたこともあり、しばしば日本のワインの発祥の地といわれています。1870（明治3）～1871（明治4）年頃から山田宥教《ひろのり》と詫間憲久の二人が甲府でワイン造りをはじめており、殖産興業の追い風をうけて、1877（明治10）年には、現在の甲州市勝沼町に大日本山梨葡萄酒会社が設立されます。同社の設立メンバーは、高野正誠と土屋助次朗（龍憲）をフランスに派遣し、かれらは栽培・醸造技術を学んで帰国。結局、その後、同社は解散に追い込まれますが、かれらの努力が実を結び、山梨では一定レベルのワインが造られるようになります。ワイン産地が全国に広がりつつある今日においても、山梨は、依然として、ぶどう栽培・ワイン醸造の研究拠点、人材育成の拠点となっています。

人的要因の説明の後半部分は、魚介類の食事と山梨県産ワインとの相性についての記述です。一般に、ワインは魚介類の食事と合わせるのが難しいといわれていますが、山梨では、魚介類の食事との相性を意識したワイン造りが行われてきたことが説明されています。そして、山梨の人びとが魚介類の消費を好むことを示すものとして、すし店の多さが指摘されています。実際に、人口10万人あたりのすし店店

表９　人口10万人あたりのすし店店舗数

順位	都道府県	店舗数	
		総　数	人口10万人あたり
1	山梨県	255軒	30.32軒
2	石川県	346軒	29.93軒
3	東京都	3,620軒	27.04軒
4	福井県	183軒	23.17軒
5	静岡県	850軒	22.94軒
6	富山県	244軒	22.80軒
7	北海道	1,229軒	22.76軒
8	新潟県	517軒	22.35軒

「平成26年経済センサス‐基礎調査結果」
（総務省統計局）をもとに筆者作成

舗数は、山梨県がトップだという統計結果も出されています（**表9**）。

「北海道」の自然的要因

それでは、地理的表示「北海道」の生産基準では、どのような説明が行われているのでしょうか。自然的要因については、次のように説明されています。

イ　自然的要因

北海道は、国内の他のぶどう栽培地に比べ、冷涼でぶどうの生育期の積算温度が低い。このため、アメリン&ウィンクラー（カリフォルニア大学デービス校）の分類では、北海道一帯が国内のぶどう生産地としては数少ない、最も冷涼な気候区分「Region I」に区分される。そのため、ドイツ系品種及びフランス系品種のうちシャルドネ、ピノ・ノワールの栽培適地とされ、とりわけ、欧州系白品種には国内でも最も適した気候とされている。

北海道のぶどう栽培地（主要な地域は、余市町（後志《しりべし》）、岩見沢市（空知）、富良野市（上川）、池田町（十勝）である）では、4～10月の日照時間が1100時間以上と長く、気温の日較差が大きくなるため、糖度の高いぶどうが収穫できる。また、４～10月の月平均気温が15℃以下と冷涼であるため、有機酸が豊富に含有するぶどうが収穫できる。なお、国内の他の地域では、このような有機酸が豊富に含有するぶどうを収穫するため、標高の高い場所でぶどう栽培することが多いが、北海道は標高２００ｍ以下であったとしてもこのようなぶどうが栽培されている。

さらに、国内の他のぶどう栽培地に比べ、湿度が低く、４～10月の降水量が７００㎜以下と少ないため、カビ等を原因とする病気の発生が抑えられ、総じて健全な状態でぶどうを収穫できるという特徴がある。

このような自然環境により栽培されたぶどうにより、北海道のワインの特性が形成されている。なお、通年で気温が低いため、自然の状態でも醸造後のワインの貯蔵温度を低めに維持することができ、果実味が製品化まで維持できる。

今や日本全国でワイン用ぶどうが栽培されていますが、北海道は、その地理的要因がワインの特性にもっとも顕著に影響している産地ということができます。稚内市の宗谷岬の緯度は北緯45度31分で、フランス中部のリヨン市の緯度（北緯45度45

分）よりも低緯度ですが、冬の北海道の寒さは厳しく、4～10月の平均気温もフランス北部のランス（シャンパーニュの中心都市）やドイツのラインガウといった北緯50度前後に位置するヨーロッパのワイン産地と同等となっています。

また、北海道の主要なワイン産地では、ぶどうの生育期間の降水量が少ないことが特筆されます。たとえば、余市の年平均降水量は1353・2ミリと、勝沼の年平均降水量（1080・9ミリ）に比べると多いように見えますが、余市の月平均降水量が多くなるのは10月から2月にかけての冬期であり、4月から9月までは、むしろ月平均降水量は勝沼よりも少なくなります。年平均日照時間についても、余市では1523・2時間と、勝沼（2163・6時間）に比べるとかなり短くなっていますが、月平均で見ると、ぶどうの成育・成熟にとって重要な時期にあたる5月、6月、9月の平均日照時間は、勝沼を上回っています。かつては、北海道には梅雨がないといわれることもありましたが、最近では、6月に大雨が降ることもあり、栽培農家を悩ませているようです。他方で、地球温暖化による気候変動によって、従来、北海道で栽培が難しかった品種でも栽培でき

北海道では、ワイン用ぶどうの栽培面積が増加し、ワイナリーの新設も相次ぐ

表 10　北海道余市の平年値

要素	降水量 (mm)	平均気温 (℃)	日最高気温 (℃)	日最低気温 (℃)	日照時間 (時間)
1 月	151.3	-4.0	-0.7	-8.2	44.2
2 月	108.6	-3.5	0.0	-8.1	64.1
3 月	86.8	0.0	3.6	-4.4	118.9
4 月	65.2	6.3	10.7	1.3	174.1
5 月	67.3	11.6	16.7	6.2	203.8
6 月	44.8	15.9	21.0	10.8	182.6
7 月	90.1	19.8	24.5	15.5	159.1
8 月	126.7	21.3	26.1	17.0	174.6
9 月	151.1	16.7	22.0	11.6	163.7
10 月	147.6	10.4	15.7	5.1	131.7
11 月	157.8	3.9	8.0	-0.3	67.4
12 月	156.1	-1.8	1.6	-5.5	41.5
年	**1353.2**	**8.1**	**12.4**	**3.4**	**1523.2**

統計年数は 1981 年から 2010 年の 30 年間。ただし、日照時間の統計年数は 1990 年から 2010 年の 21 年間

（出所：気象庁データ）

るようになったとの報告もあり、今後の気候変動を見越して、新しいワイナリーが続々と誕生しているのも事実です。

「北海道」の人的要因

「北海道」の生産基準で説明されている人的要因は、以下のとおりです。

ロ　人的要因

北海道では、明治8年にアメリカ系ぶどうを札幌に移植し、翌9年には開拓使の開拓殖産業として札幌に葡萄酒醸造所が開設された。最初のワインは地場のヤマブドウにより製造されたが、その後、コンコード等のアメリカ系ぶどうが使用されるようになり、明治20年に民間に払い下げられ、大正2年に廃業するまで製造が行われた。

その後、産業としてのワイン製造は中断していたが、昭和40年頃より、寒冷地での栽培に適したぶどうの品種選抜や、ヤマブドウとの交配によるぶどう育種及びワイン醸造方法が模索され始めた。昭和59年に道産ワイン懇談会が設立されると、製造者間の情報交換が活発になり、ぶどうの栽培及びワイン醸造方法は飛躍的に発展していった。

北海道のワインの製造は、ぶどう栽培の発展と深い関わりを持っている。広大な面積を有し、大規模生産が可能な北海道では、ワイン用ぶどうは垣根栽培を主としてきたが、冬期間の寒さが厳しく、降雪量の多い地域もあることから、栽培方法に独自の工夫を行ってきた。

例えば、豪雪地帯（後志、空知など）では、雪害による枝折れを防止するとともにぶどう樹が雪に埋まることで外気から遮断される保温効果によりぶどう樹の凍結を防ぐことが可能なため、主としてぶどう樹を斜めに仕立てた片側水平コルドンを採用している。また、降雪量が少なく厳寒となる地帯（十勝など）では、凍結を防止するため、冬期間ぶどう樹を土中埋没し、越冬させることもある。このような、北海道の自然環境に対応するぶどう栽培方法についても、ワイン製造業者による独自努力の他、道産ワイン懇談会による活動により確立してきたと言える。この他、北海道の自然環境に適応したヤマブドウ種やハイブリッド種といったぶどう栽培方法に限定されない耐寒性品種の開発も積極的に行っている。

また、有機酸が豊富に含有するぶどうを原料とすることから、官能的に酸味を増す目的での補酸は行わず、色調の安定化、亜硫酸調整等の目的でpH調整が必要になる場合にとどめるという製法を採用してきた。

北海道のワイン造りは、その厳しい気候との闘いを抜きにして語ることはできません。初めて北海道で垣根式のぶどう栽培を見た人は、斜めに仕立てられていることに驚くでしょう。しかし、しっかり雪が積もれば、かまくらのように、ぶどう樹を外気から守ることができます。逆に積雪が少ないところでは、ぶどうの凍害のおそれがあります。そこでは、「培土」と呼ばれる、ぶどう樹を土の中に埋める作業、そして、春にはそれを取り除く「排土」という作業が必要になります。こうして、北海道では、培土をしなくても寒さをしのぐことができる品種が開発されてきたのです。

「山梨」の原料

つぎに2（酒類の原料及び製法に関する事項）を見ていきましょう。前章で述べ

雪に覆われた北海道・空知地方のぶどう畑

たように、地理的表示の指定を受けるには、あらかじめ使用品種を限定列挙しておかなければなりません。地理的表示「山梨」で認められているのは、次に列挙されているぶどう品種のみです。

イ　果実に山梨県で収穫されたぶどう（次に掲げる品種に限る。）のみを用いたものであること。

甲州、マスカット・ベーリーA、ブラック・クイーン、ベーリー・アリカントA、デラウェア、交配品種（甲斐ノワール、甲斐ブラン、サンセミヨン、アルモノワール、ビジュノワール、モンドブリエ）、ヴィニフェラ種（シャルドネ、セミヨン、ソーヴィニヨン・ブラン、ピノ・ブラン、メルロ、カベルネ・ソーヴィニヨン、シラー、カベルネ・フラン、ピノ・ノワール、プティ・ヴェルド、シュナン・ブラン、ピノ・グリ、ヴィオニエ、シェンブルガー、リースリング、ゲヴュルツトラミナー、ミュスカデ、サンソー、テンプラニーリョ、マルベック、タナ、アルバリーニョ、サンジョベーゼ、ネッビオーロ、バルベーラ、ピノ・ムニエ、ジンファンデル、ツバイゲルトレーベ、グルナッシュ、カルメネール、プティ・マンサン）

２０１３年7月に国税庁長官が「山梨」を指定したときは、まだ前章で紹介したＧＩガイドラインは存在せず、使用品種を列挙することまで義務付けられているのかどうかは明らかではありませんでした。

２０１３年の生産基準に掲げられていた品種リストと比べると、一括して「ヴィニフェラ種」と記されていたのが、２０１７年の生産基準では、個々の品種名の表記に改められ、ヴィニフェラ種ではあっても、ここに列挙されていない品種は地理的表示ワインには使用できなくなりました。また、２０１３年の生産基準には記載されていなかった交配品種である、アルモノワール、ビジュノワール、モンドブリエ[*2]の3品種が、２０１７年の生産基準で新たに追加されています。いずれも、山梨県果樹試験場で開発され、登録された品種です。

ＧＩガイドラインは、地理的表示ワインの製法に関して、「糖類及び香味料を加えること（補糖・甘味化）を認めること又は認めないことを示していること。認める場合については、加えることのできる糖類及び香味料の量を適切に設定すること」を求めていました。「山梨」の生産基準は、香味料の添加による甘味化を次の条件の下で認めています。

＊2　アルモノワール、ビジュノワール、モンドブリエ：アルモノワールは、カベルネ・ソーヴィニヨンとツバイゲルトレーベを交雑して育成された赤ワイン用品種（２００９年登録）、ビジュノワールは、山梨27号（甲州三尺×メルロ）とマルベックを交雑して育成された赤ワイン用品種（２００８年登録）、モンドブリエは、シャルドネにカユガ・ホワイトを交配した白ワイン用品種（２０１６年登録）。

ロ　酒税法第３条第13号に規定する「果実酒」の原料を用いたものであること。ただし、同法第３条第13号ニの果実酒に用いる香味料については、ぶどうの果汁又はぶどうの濃縮果汁（いずれも山梨県で収穫されたぶどうのみを原料としたものに限る。）であって、当該加える香味料に含有される糖類の重量が当該香味料を加えた後の果実酒の重量の１００分の10を超えないものに限り用いることができる。

これによると、甘味化のために用いることのできる香味料は、「山梨県で収穫されたぶどうのみを原料とした」ぶどうの果汁またはぶどうの濃縮果汁であって、添加量については、「加える香味料に含有される糖類の重量が当該香味料を加えた後の果実酒の重量の１００分の10を超えない」こととしています。

ＧＩガイドラインは生産基準において、原料として使用する品種を特定するだけでなく、「品種ごとのぶどうの糖度の範囲を適切に設定すること」まで求めています。「山梨」の生産基準では、次のような最低果汁糖度が品種ごとに設定されています。

ハ　果汁糖度が、甲州種は14・0％以上、ヴィニフェラ種は18・0％以上、その他の品種は16・0％以上であるぶどうを用いること。ただし、ぶどう栽培期間の天候が不順であった場合には、当該ぶどう栽培期間を含む暦年内に収穫されたぶどうに限り、それぞれの必要果汁糖度を1・0％下げることができる。

なお、酒税法第3条第13号ハに規定する製造方法により製造するもののうち、他の容器に移し替えることなく移出することを予定した容器及び密閉できる容器等で発酵させることにより発泡性を有することとするものに用いるぶどうについては、甲州種は11・0％以上、ヴィニフェラ種は15・0％以上、その他の品種は13・0％以上であるぶどうを用いることができる。

ここで「発泡性を有する」ワインとは、いうまでもなくスパークリングワインのことですが、その原料ぶどうについては、一般のスティルワインよりも糖度基準が緩和されています。甲州種、ヴィニフェラ種、その他の品種とも、一律に3・0パーセント低い糖度基準が設定されていて、もっとも低い甲州種では11・0パーセント以上となっています。

世界的に有名なスパークリングワインの地理的表示であるＡＯＣシャンパーニュの生産基準を見ても、他の産地に比べて低い糖度基準が設定されています。ＡＯＣシャンパーニュの使用品種はシャルドネやピノ・ノワールといったヴィニフェラ種になりますが、果汁の糖分含有量は1リットルあたり１４３グラム以上（天然アルコール濃度9パーセント以上）と定められています。

一般のスティルワインの原料については、「ぶどう栽培期間の天候が不順であった場合には、当該ぶどう栽培期間を含む暦年内に収穫されたぶどうに限り、それぞれの必要果汁糖度を１・０％下げることができる」とする例外措置が設けられています。生産基準の３（酒類の特性を維持するための管理に関する事項）には、「管理機関は、業務実施要領に基づき、ぶどう栽培期間の天候が不順であったと認める場合には、直ちにその旨を公表する」とありますので、「必要果汁糖度を１・０％下げる」かどうかの判断は、業務実施要領にもとづいて管理機関が行うことになります。ちなみに、これまでＥＵ向け輸出ワインの証明確認・分析業務を行ってきた酒類総合研究所では、「4月～9月の日平均気温の合計値が平年値を２・５％以上上回った場合、６～9月の合計降水量が平年値を20％以上上回った場合、又は、６～9月の合計日照時間が平年値を20％以上下回った場合の３条件のうち、いずれか２条件が該当する年は、例外的に良くない年の取り扱いを適用する」としているようです。

原料に関する必要事項として、「山梨」の生産基準は、最後に、

ニ　原料として水、アルコール及びスピリッツを使用していないこと。ブランデーについては、他の容器に移し替えることなく移出することを予定した容器で発酵させたものに、発酵後、当該容器に加える場合に限り使用すること。

を求めています。ＧＩガイドラインでは、「原料として水を使用していないこと」、「原則として、ブランデーやアルコール等を加えていないこと」を明確に示すことになっていましたので、これに則ったものといえます。

「北海道」の原料

北海道は、冷涼なワイン産地とはいえ、これまでに多種多様なぶどう品種の栽培

山梨を代表する品種「甲州」

が試みられてきました。しかし、地理的表示の指定を受けるにあたり、使用品種を特定することが必要になり、以下のぶどう品種が選ばれました。

イ　果実に北海道で収穫されたぶどう（次に掲げる品種に限る。）のみを用いたものであること。

ヴィニフェラ種（ミュラー・トゥルガウ、ケルナー、バッカス、ペルレ、ゲヴュルツトラミナー、リースリング、モリオ・マスカット、ジーガレーベ、イルサイ・オリベル、シャルドネ、ソービニヨン・ブラン、ピノ・ブラン（ヴァイスブルグンダー）、ピノ・グリ、ミュスカ（マスカット・オットネル）、オクセロア（オーセロワ）、ムスカテラー、ツバイゲルト*3、レンベルガー、トロリンガー、ドルンフェルダー、ピノ・ノワール（シュペートブルグンダー）、メルロー、カベルネ・ソービニヨン、アルモ・ノワール、カベルネ・フラン、カベルネ・クービン、カベルネ・ミトス、カベルネ・ドルサ、アコロン、パラス）、ラブラスカ種（ナイヤガラ、ポートランド、デラウェア、旅路、キャンベル・アーリー、ニューヨーク・マスカット、コンコード、レッド・ナイアガラ）、ヤマブドウ種（ヒマラヤ、アムレンシス、

＊3　ツバイゲルト：ツバイゲルトレーベのこと。

コワニティ）、ハイブリッド種（セイベル9110、セイベル5279、セイベル10076、セイベル13053、清見、ふらの2号、清舞、山幸、清見とアムレンシスのハイブリッド、ヤマソービニヨン、山フレドニア、ザラジュンジェ、ロンド、レゲント、マスカット・ハンブルグ・アムレンシス（北醇）、岩松5号）

このように「北海道」の生産基準では、ヴィニフェラ種30品種、ラブラスカ種8品種、ヤマブドウ種3品種、ハイブリッド種16品種が列挙されています。「山梨」の品種リストと比べると、ミュラー・トゥルガウ、ケルナー、バッカス、ツバイゲルトレーベ、レンベルガー、トロリンガー、ドルンフェルダーといったドイツ系・オーストリア系の品種が目立ちます。また、比較的最近ドイツで育種されたカベルネ・ドルサ、アコロン、パラスといった品種も含まれています。

ラブラスカ種では、「山梨」でも認められているデラウェアのほか、北海道で広く生産されているナイアガラやキャンベル・アーリーの使用が可能です。さらに、降雪量が少なく、厳しい寒さに見舞われる十勝地方を中心に、北海道では数々の耐寒性品種が生み出されてきましたが、その中で、清見、清舞、山幸といった品種が生産基準に掲げられています。

香味料の添加による甘味化については、

ロ　酒税法第３条第13号に規定する「果実酒」の原料を用いたものであること。ただし、同法第３条第13号ニに規定する香味料は、ぶどうの果汁又はぶどうの濃縮果汁（いずれも北海道で収穫されたぶどうのみを原料としたものに限る。）に限り用いることができる。

という条件が定められています。甘味化のために用いることのできる香味料は、「北海道で収穫されたぶどうのみを原料とした」ぶどうの果汁またはぶどうの濃縮果汁のみです。添加量の限度は、この項目ではなく、「製法」に関する事項の中で示されています。

果汁糖度については、

ハ　果汁糖度が、ヴィニフェラ種は16・０％以上、ラブラスカ種は13・０％以上、ヤマブドウ種及びハイブリッド種は15・０％以上であるぶどうを用いる

こと。ただし、ぶどう栽培期間の天候が不順であった場合には、当該ぶどう栽培期間を含む暦年内に収穫されたぶどうに限り、それぞれの必要果汁糖度を1・0％下げることができる。

という基準が設けられています。「山梨」の生産基準には、スパークリングワインの原料ぶどうについては、スティルワインよりも低い果汁糖度が設定されていましたが、「北海道」では、「ぶどう栽培期間の天候が不順であった場合」の例外が定められているのみで、スパークリングワインの例外は設けられていません。もっとも、「山梨」の生産基準では、ヴィニフェラ種は18・0パーセント以上、デラウェアや交配品種も16・0パーセント以上であったことを考えると、「北海道」では、「山梨」と比べて、ヴィニフェラ種は2パーセント、デラウェアについては3パーセント低い果汁糖度が設定されており、わざわざスパークリングワインの例外を設ける必要はなかったのかもしれません。なお、「ぶどう栽培期間の天候が不順であったと認める場合」には、管理機関である「地理的表示『北海道』使用管理委員会」がその旨を直ちに公表することになっています。

原料に関する必要事項として、「山梨」の生産基準と同様、「北海道」についても、

ニ　原則として水、アルコール及びスピリッツを使用していないこと。ブランデーについては、他の容器に移し替えることなく移出することを予定した容器内で発酵させたものに、発酵後、当該容器に加える場合に限り使用すること。

が求められています。

「山梨」の製法

原料につづいて、製法に関する事項を確認しておきましょう。地理的表示「山梨」の製法に関して、生産基準では、以下のように定められています。

イ　酒税法第3条第13号に規定する「果実酒」の製造方法により山梨県内において製造されたものであり、「果実酒等の製法品質表示基準（平成27年10月国税庁告示第18号）」第1項第3号に規定する「日本ワイン」であること。

ロ　酒税法第3条第13号ロ又はハに規定する製造方法により、糖類（酒税法第

3条第13号ハの果実酒に用いる糖類のうち、他の容器に移し替えることなく移出することを予定した容器及び密閉できる容器等で発酵させることにより発泡性を有することとするものに用いる糖類を除く。）を加える場合は、その加える糖類の重量が、果実に用いたぶどうの品種ごとに、それぞれ次の範囲内であること。

・ 甲州種を100%用いたもの　100mℓ当たり10g

・ ヴィニフェラ種を85%以上用いたもの　100mℓ当たり6g

・ その他のもの　100mℓ当たり8g

ハ　ぶどうの収穫からワインの瓶詰を行うまでの補酸の総量が9g／L以下であること。

ニ　除酸剤については、総酸値を5g／L低減させるまで加えることができること。

ホ　製造工程上、貯蔵する場合は山梨県内で行うこと。

へ　消費者に引き渡すことを予定した容器に山梨県内で詰めること。

地理的表示「山梨」を使用するワインは、「山梨県内において製造された」ものであって、製法品質表示基準にいう「日本ワイン」でなければなりません。また、貯蔵やボトリングも山梨県内で行う必要があります。山梨県で収穫されたぶどうを100パーセント使用し、使用品種、果汁糖度などの要件を満たしたものであったとしても、他の都道府県で製造したり、貯蔵、ボトリングを行ったりした場合には、地理的表示を使用することはできないのです。

製法に関する事項の「ロ」は、補糖の上限値（加える糖類の重量）に関する規定です。甲州種を100パーセント用いたものは100ミリリットルあたり10グラム、ヴィニフェラ種を85パーセント以上用いたものは同6グラム、それ以外のものは同8グラムというのが上限です。なお、ＥＵでは、もっとも補糖基準の緩やかなゾーンＡ（ドイツの一部、イギリス、ベルギー、ルクセンブルクなど）では、アルコール度を3パーセント上昇させる量の補糖が上限とされていますので、ヴィニフェラ種に関しては、これに近い上限値が設定されたということができるでしょう。

「山梨」の生産基準では、補酸の総量は1リットルあたり9グラム以下に設定されています。ちなみにＥＵでは、酒石酸換算で1リットルあたり2・5グラムが補酸の上限値、ＯＩＶ基準でも1リットルあたり4グラムが上限値となっています。しかも、ＥＵにおいて補酸が認められているのは、温暖な地域のみで、前述のゾーン

Aや、ゾーンB（ドイツの一部、オーストリア、フランスのアルザス・シャンパーニュなど）では、そもそも補酸行為自体が禁止されています。

また、「山梨」の生産基準によれば、除酸については、総酸値を1リットルあたり5グラム低減させるまで除酸剤の添加が認められます。なお、EUでは、1リットルあたり1グラムまでしか認められておらず、地中海沿岸の温暖な地域では除酸が禁止されているところもあります。

「北海道」の製法

地理的表示「北海道」の生産基準は、製法に関して、どのように定めているのでしょうか。

イ　酒税法第3条第13号に規定する「果実酒」の製造方法により北海道内において製造されたものであり、「果実酒等の製法品質表示基準（平成27年10月国税庁告示第18号）」第1項第3号に規定する「日本ワイン」であること。

ロ　酒税法第3条第13号ロ、ハ又はニに規定する製造方法により、糖類を加える場合には、その加えた糖類の重量の合計が、果実に含まれる糖類の重量以下であること。

ハ　酒税法第3条第13号ニに規定する香味料（以下単に「香味料」という。）を加える場合は、当該加える香味料に含有される糖類の重量が当該香味料を加えた後の果実酒の重量の１００分の10を超えないこと。

ニ　補酸する前の果汁の総酸値が７・５ｇ／Ｌ未満である場合の補酸は、官能的に酸味を増す目的とみなし認めない。ただし、果汁糖度が21％以上であり、かつ、補酸する前の果汁の総酸値が７・５ｇ／Ｌ以上の場合に限り、色調の安定化、亜硫酸調整等の品質保全の目的でpH調整を行う必要最小限の補酸として１・０ｇ／Ｌまで認める。

ホ　除酸剤については、総酸値を２・０ｇ／Ｌ低減させるまで加えることができること。

ヘ　製造工程上、貯蔵する場合は北海道内で行うこと。

ト　消費者に引き渡すことを予定した容器に北海道内で詰めること。

このうち、「イ」、「ヘ」、「ト」については、北海道内で製造、貯蔵、容器詰めを行うことを求めており、ＧＩガイドラインに則ったものといえます。

補糖については、「加えた糖類の重量の合計が、果実に含まれる糖類の重量以下であること」というのが「北海道」の上限値です。「山梨」のように使用品種ごとの補糖上限値が設定されているわけではありません。かりに、補糖前の「果実に含まれる糖類の重量」が100ミリリットルあたり14グラムだとすると、さらに14グラムを上限として補糖することができる計算です。「山梨」の生産基準では、ヴィニフェラ種については6グラムが上限値に設定されていました。北海道は、山梨県に比べると気候が冷涼であり、果汁糖度が上がりにくいことから、このような緩やかな補糖基準が設けられたものと思われます。

香味料の添加、すなわち、甘味化の上限については、「加える香味料に含有される糖類の重量が当該香味料を加えた後の果実酒の重量の100分の10を超えないこと」とされていますが、前述のように、加えることのできる香味料は、北海道で収穫されたぶどうのみを原料としたぶどうの果汁またはぶどうの濃縮果汁に限られます。これらの基準は、「山梨」の生産基準と同じ内容です。

「山梨」の生産基準と比較して違いが顕著なのは、補酸の基準です。「北海道」の生産基準の人的要因の箇所においては、有機酸が豊富に含有する原料ぶどうが得られることから、官能的に酸味を増す目的での補酸は行ってこなかったこと、例外的に、色調の安定化や亜硫酸調整などを目的として、pH調整が必要になる場合に限って補酸を行うという製法が採用されてきたことなどが指摘されていました。したがって、「北海道」の生産基準では、原則として補酸は禁止されており、例外的に、果汁糖度が21パーセント以上であり、かつ、補酸前の果汁の総酸値が１リットルあたり７・５グラム以上の場合に限って、１リットルあたり１・０グラムを上限として補酸が認められます。「山梨」の生産基準において、補酸の上限値が１リットルあたり９グラム以下に設定されていたことに鑑みると、かなり厳しい基準であるといえます。除酸剤の添加についても、１リットルあたり２・０グラムが上限値で、「山梨」の生産基準より厳しくなっています。

より限定されたＧＩの可能性

２０１９年12月末現在、国税庁によって指定されているワインの地理的表示は、「山梨」と「北海道」の２件のみですが、将来、山梨県や北海道に、新たな産地が形成され、地理的表示の指定を受ける可能性もあります。その場合には、都道府県よりも狭い範囲の産地ということになりますが、市町村、または市町村内の町や字、もしくは、複数の市町村にまたがる産地が考えられます。

清酒についてはすでに前例があり、日本国全体を産地の範囲とする地理的表示「日本酒」が指定され、これと産地の範囲が重複する地理的表示として、「白山」、「山形」、「灘五郷」が指定されています。

前述のように、GIガイドラインは、「ある地理的表示の産地の範囲内に包含される狭い範囲の地理的表示を指定する場合には、その生産基準が広い範囲の地理的表示の生産基準をすべて満たした上で、その産地に主として帰せられる酒類の特性を明確にしていること」を条件に、産地の範囲が重複する地理的表示の指定を認めています。

同じ山梨県でも、甲府盆地の東側に位置する甲州市勝沼と、長野県に隣接し、標高が高い北杜市では、気候条件には違いが見られ、産出されるワインにもその違いが反映されるといわれています。また、北海道の二大産地と称されている余市と空知についても同様で、気候や土壌の違いから、栽培に向いている品種もそれぞれ異なるとの指摘もあります。

とはいえ、実際に、市町村を産地の範囲とする地理的表示の指定を受けるにあたっては、難しい問題もあります。GIガイドラインは、地理的表示ワインについて、産地内での醸造、貯蔵を求めています。「日本酒」のように日本国全域を範囲とする地理的表示や、都道府県を産地の範囲とする地理的表示であれば、産地内での醸造、貯蔵を義務付けることについて、それほど大きな問題は生じないかもしれません。しかし、市町村を産地の範囲とする地理的表示、あるいは、それよりも狭い範囲の地理的表示となると、産地内での醸造、貯蔵を義務付けることに異論を唱えるワイナリーは少なくないものと思われます。

製法品質表示基準の地名表示のルールによると、産地名（ぶどう収穫地）として、市町村の地名、あるいは、市町村の中の町や字などの地名を名乗ることは、その市町村内で醸造を行う場合のほか、その市町村に隣接する同一都道府県内の市町村において醸造を行う場合でも認められていました。これに対して、地理的表示の醸造地の要件には、隣接市町村についての例外は明示的には設けられていません。また、市町村の中の町や字などを範囲とする地理的表示について、同一市町村内であれば、その範囲の外で醸造することができるとする例外が認められるかどうかも明らかではありません。もし、そうした例外が認められないとすると、生産者は、地理的表示ごとにワイナリーを設置しなければならないという不都合に直面することになります。

海外のワイン法との比較

ここで簡単に、海外の地理的表示制度との比較をしておきたいと思います。

地理的表示制度の発祥の地といえばＥＵですが、ＥＵでは、ＡＯＣなどの地理的表示ワインでなければ、そもそも産地表示ができません。地理的表示ワイン以外は、原則として、「フランスワイン」、「イタリアワイン」、「スペインワイン」といった国名の表示しかできないのです。したがって、地名を表示できる地理的表示ワインと、地名を表示できない地理的表示なしワインとの差は歴然としており、目に見える形で差別化がなされています。

これに対して、日本では、地理的表示に指定された産地以外でも、地名表示は可能です。地理的表示「北海道」の要件を満たしていなくても、「余市」や「空知」といった地名は、製法品質表示基準にもとづく一般の地名表示の基準にしたがって表示できるのです。もちろん、「余市」や「空知」が、それ自体として地理的表示に登録されれば話は別ですが、地理的表示ワインの産地の範囲内において、地理的表示を使用することなく、個々の地名を名乗ることは、現在のところ可能であり、その地理的表示の生産基準にも縛られません。生産者の間では、わざわざ「北海道」の基準を満たさなくても、道内の地名を名乗れればよいという考えも出てくる可能性もあります。このような状況にあって、日本においては、地理的表示ワインを一般のワインと目に見える形で差別化することは容易ではありません。

生産基準については、日本と海外でどのような違いがあるのでしょうか。

日本の地理的表示制度は、農林水産物に適用される制度も含め、ＥＵの地理的表示制度にならったものだといわれています。新世界のワイン生産国にもオーストラリアなどのように地理的表示制度をもつ国がありますが、ＥＵほど厳格ではありません。

ただしＥＵのワイン法では、地理的表示ワインについて、最大収量を定めることが必要とされています。これに対して、地理的表示「山梨」にも、「北海道」にも、収量についての規定は生産基準には含まれていません。収量規制は、ワインの品質の観点からも重要ですが、ワインの生産過剰が深刻な問題になっているＥＵ諸国では、生産量を抑制する目的をもあわせもつことになります。他方で、日本においては、日本ワインの原料不足が問題になっており、収量規制を導入することは、原料不足をさらに悪化させる可能性があります。なお、フランスなどでは、ぶどう樹の仕立て方や植栽密度についても、産地ごとに基準が設定されていますが、今のところ、日本の地理的表示の生産基準には、そのような定めは置かれていません。

一方で、ＥＵの地理的表示に比べて、日本のほうが厳しい点もあります。ひとつは、産地外での醸造が一切認められない点です。フランスでも、生産基準で規定することにより、産地の範囲外での醸造が認められる場合があります。たとえばブルゴーニュがそうです。有名なＡＯＣヴォーヌ・ロマネの生産基準を見てみると、収穫地はもちろんヴォーヌ・ロマネ村内ですが、醸造地については、村外のさまざまな市町村がリストに列挙されており、県境を越えて、１００キロメートル以上離れた別の市町村で醸造することも認められています。

もうひとつは、すべてのワインの地理的表示に関して、例外なく出荷前の官能検査が義務付けられている点です。ＥＵの地理的表示は、ＡＯＰ（保護原産地呼称）とＩＧＰ（保護地理的表示）という2つのカテゴリーに分けられますが、このうちＩＧＰについては、官能検査は任意とされています。もっとも、日本ワインの中には、いまだ品質上問題のあるものも含まれることがあり、そうしたワインが流通すれば、地理的表示ワインに対する信頼が損なわれるおそれがあります。出荷前の官能検査を必須としたことは、産地ブランドを守るためだけでなく、消費者の立場からしても歓迎すべきことなのかもしれません。

第6章　ラベル表示のルール

第6章

ラベル表示のルール

「表示すべき事項」と「表示できる事項」

本書では、これまで日本ワインの地名表示や地理的表示の基準を中心に見てきましたが、ラベルには、地名や地理的表示以外にもさまざまな事項が記載されています。それらの記載事項は、かならず記載しなければならない「**表示すべき事項**」と、一定の要件を満たした場合に限って記載することができる「表示できる事項」に分けられます。

すでに見た地名表示や地理的表示は、後者の「表示できる事項」であって、一定の要件を満たしたワインだけが表示することができます。これに対して、内容量やアルコール分といった事項は、ワインだけでなく、すべての酒類に記載すべき事項とされています。

酒類業組合法にもとづく表示義務

酒税の保全及び酒類業組合等に関する法律（**酒類業組合法**）は、酒類の品目その他政令で定める事項を酒類の容器または包装に表示しなければならないとし、一定の事項の表示を義務付けています。これらの事項は、日本ワインであろうと、日本ワイン以外の国内製造ワインであろうと、あるいは、その他の酒類であろうと、容易に識別することができる方法で、かならずボトルなどに表示しなければなりません。

酒税の保全及び酒類業組合等に関する法律施行令は、酒類製造業者が酒類の容器に表示すべきものとして、以下の事項を列挙しています（第8条の3第1項）。

①氏名または名称
②製造場の所在地
③内容量
④酒類の品目
⑤アルコール分

⑥税率の適用区分を表す事項（発泡酒および雑酒）
⑦発泡性を有する旨および税率の適用区分を表す事項（その他の発泡性酒類）

また、輸入ワインなど、酒類販売業者が保税地域から引き取る酒類や、酒類販売業者が詰め替えて販売場から搬出する酒類については、上記の事項のほか、酒類販売業者の住所、氏名または名称、引取先または詰替の場所の所在地も、容器や包装に表示しなければなりません（同第8条の3第2項）。

さらに、「**二十歳未満の者の飲酒防止に関する表示基準を定める件**」により、酒類の容器または包装に「20歳未満の者の飲酒は法律で禁止されている」旨を表示するものとされているほか、**食品表示法**では、添加物の表示が義務付けられています（酸化防止剤など）。

これらの事項は、酒類の種類にかかわらず、表示が義務付けられるものですが、ワインについては、これまで詳しく見てきた国税庁の製法品質表示基準による表示義務が課されます。以下、地名表示以外の事項について見ていきましょう。

原材料・原産地

製法品質表示基準は、「国内製造ワインには、次に掲げる原材料を使用量の多い順にそれぞれ次に掲げるところにより表示する」として、以下の４つを列挙しています（第２項第２号）。

イ　果実

果実（濃縮果汁を除く。以下この項において同じ。）の名称を表示する。なお、三種類以上の果実を使用した場合は、使用量が上位三位以下の果実の名称を「その他果実」と表示することができる。

ロ　濃縮果汁

濃縮果汁を希釈したものは「濃縮還元○○果汁」と、濃縮果汁を希釈していないものは「濃縮○○果汁」と表示する。この場合において、「○○」については、果実の名称を記載するものとする。なお、三種類以上の果実の濃縮果汁を使用した場合は、使用量が上位三位以下の果実の濃縮果汁の名称を「濃縮還元その他果汁」又は「濃縮その他果汁」と表示することができる。

ハ　輸入ワイン
　「輸入ワイン」と表示する。
ニ　国内製造ワイン
　使用した国内製造ワインの原材料を、原材料とみなしてイからハまでの規定により表示する。

　また、第3章で述べたように、国内製造ワインには、イ（果実）およびロ（濃縮果汁）に掲げる原材料の原産地名を「日本産」または「外国産」と表示し（日本産の表示に代えて都道府県名その他の地名を、外国産の表示に代えて原産国名を表示することも可能）、輸入ワインには、当該輸入ワインの原産国名を表示することになっています（製法品質表示基準第2項第3号、第4号）。
　国内製造ワイン（原料の果実としてぶどう以外の果実を使用したものを除く）のうち、原材料に濃縮果汁を使用したもの（原料として水を使用したものに限る）については、「濃縮果汁使用」など、濃縮果汁を使用したことがわかる表示が、原材料に輸入ワインを使用したものについては、「輸入ワイン使用」など、輸入ワインを使用したことがわかる表示が義務付けられます。これらの表示は、表ラベル（主たる商標を表示する側）に行うものとされています（同第３項）。

製法品質表示基準における国内製造ワインの定義には、ぶどう以外を原料とするものも含まれます。ぶどうのみを原料とするワインと、それ以外の果実酒・甘味果実酒が明確に区別できるように、「原料の果実としてぶどう以外の果実を使用した国内製造ワインには、第２項のほか、その果実を使用したことが分かる表示をその容器又は包装の主たる商標を表示する側に行うものとする」ことになっています（同第４項）。

なお、「その果実を使用したことが分かる表示」とは、その果実の呼称として一般的に使用されている名称（「りんご」、「みかん」、「メロン」など）の表示のほか、当該果実の絵または写真、当該果実の品種名（りんごの「紅玉」、さくらんぼの「紅さやか」など）、ぶどう以外の果実を原料とする酒類の名称（りんご原料の「シードル」、洋ナシ原料の「ポワレ」など）のことをいいます。

品種名の表示

これまでは業界自主基準にゆだねられていた品種名の表示についても、製法品質表示基準第６項で、以下のように定められています。

国内製造ワインの原料として使用したぶどうの品種名については、次の各号に掲げるものであって、表示するぶどうの品種の使用量の合計が85パーセント以上を占める場合に限り、当該ぶどうの品種名をその容器又は包装に表示できるものとする。この場合において、第8項第1号に規定する別記様式以外への表示は、日本ワインに限り、表示できるものとする。

（1）使用量の最も多いぶどうの品種名

（2）使用量の多い上位二品種のぶどうの品種名（使用量の多い順に表示するものとする。）

（3）使用量の多い上位三品種以上のぶどうの品種名（それぞれに使用量の割合を併記し、かつ、使用量の多い順に表示するものとする。）

業界自主基準では、75パーセント以上であった単一品種の使用割合が、製法品質表示基準では、EUワイン法などにあわせて、85パーセント以上に引き上げられました。

上位2品種、または、上位3品種以上の品種名を表示する場合には、その使用量の割合を併記することもできます。3品種以上の品種名を表示する場合には、その表示する品種の使用量の割合の合計が85パーセント以上となるまで表示しなければなりません。

日本ワイン以外の国内製造ワインについては、表ラベルに品種名を表示することはできませんが、一括表示欄、すなわち、裏ラベルに限って品種名の表示が可能です。その際、濃縮果汁としたぶどうの品種名のほか、原材料として使用した国内製造ワイン、または輸入ワインの原料となったぶどうの品種名についても、表示が認められます。

収穫年の表示

収穫年の表示についても、製法品質表示基準第7項で、以下のように規定されています。

国内製造ワインの原料として使用したぶどうの収穫年については、表示する収穫年に収穫したぶどうの使用量が85パーセント以上を占める日本ワインに限り、その容器又は包装に表示できるものとする。

品種名の表示と同様に、業界自主基準では75パーセント以上であった同一収穫年の使用割合が、85パーセント以上に引き上げられました。また、日本ワイン以外の国内製造ワインについては、裏ラベルにも収穫年を表示することができません。

異なる年に収穫されたぶどうを使用している日本ワインについて、たとえば、２０１５年に収穫したぶどう90パーセントと前年の２０１４年に収穫したぶどう10パーセントを使用した場合には、85パーセントを超えている「２０１５年」について表示することはできますが、「２０１５年産90%、２０１４年産10%」のように割合を示すことを含め、その他の収穫年を表示することはできません。

ラベルに「Since ○○」と会社の創業年を表示することもできますが、その年号が会社の創業年やワイナリーの開設年として容易に判別できるものでなければなりません。

収穫年を表示できるのは日本ワインのみ。輸入原料を使用した国内製造ワインは、裏ラベルにも記載することができない

表示の方式

製法品質表示基準第8項および第9項は、表示の方式について規定しています。酒類の品目、酒類製造業者の氏名または名称、製造場の所在地、内容量、アルコール分などについては、左の様式のとおり、「一括表示欄」（いわゆる裏ラベル）を設け、まとめて表示することとされています。

日本ワイン
品目
原材料名（原材料の原産地名）
製造者
内容量
アルコール分
原産国名

日本ワインに該当する場合は、かならず「日本ワイン」と表示します。表ラベルに「日本ワイン」と表示している場合でも、一括表示欄への表示を省略することはできません。

また、「発泡性を有する果実酒等（アルコール分が10度未満のものに限る。）」である場合には、酒類の品目に続けて「発泡性を有する旨」および「税率の適用区分」を表す事項を表示する必要があります。

酒類の品目については、主たる商標を表示する側（表ラベル）に表示した場合、一括表示欄の表示を省略することができます。内容量についても、酒類の品目とともに主たる商標を表示する側に表示した場合、一括表示欄の表示を省略することができます。原材料の原産地名は、原材料名の次に括弧を付して表示し、酒類製造業者の氏名または名称および製造場の所在地などは、「製造者」などとして表示します。

前述の様式は、縦書きとすることができ、「日本ワイン」の表示に続き表示する項目は、任意の順に表示することができます。様式の枠を表示することが困難な場合には、枠を省略することができます。

表示に使用する文字は、8ポイントの活字以上の大きさの統一のとれた日本文字を用いるのが原則です。ただし、容量200ミリリットル以下の容器については、6ポイントの活字以上の大きさでよいこととされています。また、酒類の品目の表示については、原則として、商標を表示する側に14ポイントの活字以上の大きさで品目「果実酒」を表示しなければなりません。「特定の原材料を使用した旨の表示」（「濃縮果汁使用」、「輸入ワイン使用」などの表示）についても、10・5ポイントの活字以上の大きさの統一のとれた日本文字で表示しなければなりません（容量360ミリリットル以下の容器については、7・5ポイント以上）。

業界自主基準における「特定の用語」の表示基準

従来、業界自主基準に定めていた事項のうち、地名、ぶどう品種名、収穫年については、製法品質表示基準において定められ、いわば強制力をもつ「ワイン法」となりました。もともと業界自主基準では、地名、ぶどう品種名、収穫年のほか、「特定の事項」と呼ばれる、貴腐ワイン、アイスワイン、シュールリー、シャトー、ドメーヌなどの用語の使用基準も定められていました。これらの事項については、製法品質表示基準では規定されていないため、引き続き業界団体の自主基準によって使用基準を定めることになったのです。ワイン表示問題検討協議会（道産ワイン懇談会、山形県ワイン酒造組合、山梨県ワイン酒造組合、長野県ワイン協会、日本ワイナリー協会から構成されている）が２０１７年３月28日に制定した「**国内製造ワインの特定の事項の表示に関する基準**」（以下、「**特定事項基準**」と略します）がこれにあたります。

この特定事項基準の目的は、国税庁の製法品質表示基準を「補完する形で、国内製造ワインの特定の事項に関する事項を定めることにより、一般消費者の適正な商品選択に資することで消費者の利益を守り、公正な競争を確保するとともに品質の向上を図ること」（特定事項基準第１条）にあります。また、その適用範囲については、「事業者が国内消費用として、販売のため製造場から移出する国内製造ワインのうち、原料として使用した果実の全部又は一部がぶどうである果実酒に適用する」（同第2条）とされています。

特定事項基準第5条は、日本ワインのみに表示することのできる「特定の用語」として、以下の9つの事項を掲げています。

①貴腐ワイン、貴腐

ほとんどが貴腐化されたぶどうのみを使用し、発酵前の果汁糖度（転化糖換算）が「30ｇ／１００㎤以上の醪《もろみ》」から製造した日本ワインでなければ、「貴腐ワイン」、「貴腐」と表示することができません。

②氷果ワイン、アイスワイン

自然に樹上でほとんどが氷結ないし凍結したぶどうのみを使用し、搾汁して得られた果汁の発酵前の果汁糖度（転化糖換算）が「30ｇ／１００㎤以上の醪」から製造した日本ワインでなければ、「氷果ワイン」、「アイスワイン」と表示することができません。

③クリオエキストラクション

ぶどうを冷凍し、当該冷凍により凍結したぶどうを圧搾して得られた糖度の高い果汁のみを使用して製造した日本ワインでなければ、「クリオエキストラクション」と表示することができません。

④冷凍果汁仕込

ぶどう果汁を冷凍し、当該冷凍により生じた氷を除去する方法により、糖度を高めた当該ぶどう果汁のみを使用して製造した日本ワインでなければ、「冷凍果汁仕込」と表示することができません。

⑤シュールリー（シュール・リー、シュール リー）

発酵終了後、びん詰時点までオリと接触させ、仕込み後の翌年3月1日から11月30日までの間に容器に詰めた日本ワインでなければ、「シュールリー」と表示することができません。

⑥CHATEAU（シャトー）、DOMAINE（ドメーヌ）

使用したすべてのぶどう・ぶどう果汁が、自園および契約栽培に係るものでなければ「CHATEAU（シャトー）」、「DOMAINE（ドメーヌ）」と表示することができません。

⑦ESTATE（エステート）

使用したすべてのぶどう・ぶどう果汁が、自園および契約栽培に係るもので、かつ、その醸造に係る製造場が当該ぶどうの栽培地域内であるものでなければ、「ESTATE（エステート）」と表示することができません。

⑧元詰、○○元詰

使用したすべてのぶどう・ぶどう果汁が、自園および契約栽培に係るもので、かつ、当該ワインをその醸造に係る製造場においてびん詰したものでなければ、「元詰」、「○○元詰」（「○○」は、製造者名）と表示することができません。

⑨樽発酵、樽熟成、樽貯蔵

木樽（オーク）を用いて醸造した日本ワインについては、「（オーク）樽発酵」、「（オーク）樽熟成」、「（オーク）樽貯蔵」、「（オーク）樽使用」などの表示ができますが、オークチップを使用したワインについては、たとえオーク樽を併用していたり、オーク樽を用いて醸造したワインと混和していた場合でも、前述の表示はできません。

また、日本ワイン以外のものも含め、以下の「その他の特定の用語」は国内製造ワインに表示することができます。

①無添加

国内製造ワインで、無添加の文言に連続して当該要因を標記したものでなければ、無添加と表示することができません。たんに「無添加」とだけ表示するのではなく、「酸化防止剤無添加」のように、何が無添加なのかを明記する必要があります。

②限定醸造

製造した国内製造ワインの総びん詰本数を告知したものでなければ、「限定醸造」とは表示できません。

このほか、事業者が商品の説明を行う場合の表示は、事実を正確に伝えるものでなければなりません。事実にもとづく表示であったとしても、都合の良い部分だけを摘出した表示や内容について誤認を与えるような表示であってはなりません。

消費者に誤認される表示の禁止

特定事項基準は、第8条において、「消費者に誤認される表示」を禁止し、事業者は、国内製造ワインの取引に関して、以下のような表示を行ってはならないこととしています。

（1）国際間の協定及び海外におけるワイン生産国の法令等により保護され、国際的に認められていて、当業界としても尊重すべき用語（日本語表記によったものを含む）

（2）原産国について誤認されるおそれがある表示

（例示）

イ　びん詰輸入ワインと誤認されるような表示

ロ　海外におけるワインの産地を連想させる「○○風」、「○○タイプ」等の表示

（3）天然、自然、純粋等の文言を用いた表示

（例示）

「NATURE」、「PURE」、「天然」、「自然」、「純○○」等

（4）最高、最高級、最良（ベスト）等業界における最上級を意味する表示
（5）客観的根拠に基づく具体的な数値又は根拠がないのに、日本一、第一位、当社だけ、他の追従を許さない、代表、いちばん等唯一性を意味する表示
（6）その他、次に掲げる表示
イ　ぶどうを原料としたワインで、「貴腐」、「貴腐ワイン」と認識させるおそれのある表示
（例示）
貴富、貴熟、貴腐方式
ロ　ぶどうを原料としたワインで、「氷果ワイン」、「アイスワイン」と認識させるおそれのある表示
（例示）
氷結果ワイン、凍結果ワイン、氷結仕込方式
ただし、長野県原産地表示の基準に従い「氷結」を表示する場合は除く
ハ　「本場」の文言を用いた表示
ニ　「手作りワイン」等「手作り」の文言を用いた表示

また、特定事項基準第9条は、「表示上の注意事項」として、①「過剰な飲酒を勧めるような表示」、②「イッキ飲み等短時間の間に多量に飲酒することを勧めるような表示」、③「酒類ではないと誤認させるおそれのある表示」、④「自己の製造し販売する国内製造ワインの内容について、実際のもの又は自己と競争関係にある他の事業者に係るものよりも、著しく優良であると誤認させるおそれのある表示」を禁止しています。

以上のような特定事項基準は、国税庁の製法品質表示基準とは異なり、業界自主基準にすぎず、法的拘束力も罰則もありませんが、第10条において、ワイン表示問題検討協議会は、「この基準の目的を達成するため、この基準の周知徹底、相談及び指導に努め、会員の製造する国内製造ワインの表示に関し、この基準に照らして問題となる事案が発生した場合には、当該会員に対し、当協議会名をもって問題の是正について注意を促す」ことができ、その際、「必要に応じ関係官庁と協議する」ことになっています。

第7章　グローバル化の中のワイン法

第7章

グローバル化の中のワイン法

日欧EPAと日本ワイン

2019年2月1日、日本とEUとの**経済連携協定**（**EPA**）が発効しました。ワインやチーズの関税撤廃・引き下げで注目を集めましたが、日本のワイン造りにも影響をもたらすものと予想されています。

とくにワイン醸造において重要なのは、日欧EPAによって、**ワインの添加物・醸造法を相互に承認する手続きが定められた**点です（「経済上の連携に関する日本国と欧州連合との間の協定」（以下、「協定」と略します）第2章第C節ぶどう酒産品の輸出の促進）。承認の手続きは、以下の3つのグループ（段階）に分けられて進められることになっています（附属書2-E　ぶどう酒産品の輸出の促進）。

まず、第1グループに列挙されているEUワイン法の認める添加物は、2019

年2月のEPA発効と同時に、日本でも承認されました。

第1グループ（協定の効力発生の日から）

アルギン酸カルシウム
カラメル
L（+）酒石酸
リゾチーム
微結晶セルロース
オークチップ
パーライト
アルギン酸カリウム
ピロ亜硫酸カリウム＝亜硫酸水素カリウム
ばれいしょたんぱく質
酵母たんぱく質抽出物

2月1日の協定発効に先立ち、1月18日には、法令解釈通達*1が一部改正され、

＊1　法令解釈通達：「酒税法及び酒類行政関係法令等解釈通達」（平成11年6月25日）の第2編第3条「その他の用語の定義」

「発酵を助成促進し又は製造上の不測の危険を防止する等専ら製造の健全を期する目的で、仕込水又は製造工程中に加える必要最少限の」物品として、「果実酒及び甘味果実酒の製造工程中に加えるパーライト、ばれいしょたんぱく質、酵母たんぱく質抽出物、アルギン酸カルシウム、アルギン酸カリウム、リゾチーム、微結晶セルロース」が追加されています。また、果実酒および甘味果実酒の「製造工程中に着香又は酸化防止の目的で加える必要最少限のチップ状又は小片状のオーク（ブナ科コナラ属の植物をいう。）」の使用も認められました。

つぎに、以下の第2グループの添加物は、「日本国は、附属書二－E第一編第C節に掲げる醸造法を承認するため迅速に必要な手段をとり、及びその承認のための自国の手続が完了した旨を欧州連合に通告する」（協定第2・26条第2項）と規定されています。

第2グループ（迅速に手続き）

亜硫酸水素アンモニウム

炭酸カルシウム及びL（＋）酒石酸とL（－）リンゴ酸とのカルシウム複塩

コウジカビ属由来のキチングルカン

二炭酸ジメチル（ＤＭＤＣ）
メタ酒石酸
中性酒石酸カリウム
中性酒石酸（ＤＬ）カリウム
ビニルイミダゾール・ビニルピロリドン共重合体（ＰＶＩ／ＰＶＰ）

さらに、以下の第３グループの添加物については、「日本国は、附属書二-Ｅ第一編第Ｄ節に掲げる醸造法を承認するため必要な手段をとり、及びその承認のための自国の手続が完了した旨を欧州連合に通告する」（第２・27条第２項）と規定されています。

第３グループ
アルゴン
フィチン酸カルシウム
酒石酸カルシウム
硫酸銅

カオリン（ケイ酸アルミニウム）
マロラクティック発酵助剤
重炭酸カリウム＝炭酸水素カリウム＝酸性炭酸カリウム
カゼインカリウム
フェロシアン化カリウム

第2グループの承認は「迅速に」とありますが、第3グループについては、それがありません。しかし、協定第2・29条では、日本・EUの両締約国が、第2グループの添加物の承認手続きにつき、「この協定の効力発生の日の後二年間は、定期的にかつ少なくとも年一回、第二・二十六条の規定の実施について検討すること」、また、第3グループの添加物の承認手続きについても、「この協定の効力発生の日の後三年以内に第二・二十七条の規定の実施について検討すること」と定められています。第3グループの添加物の承認手続き完了の通告が、協定発効から5年以内に交換されていない場合には、日本・EUの両締約国が協議を行うことになっています。なお、日本側による第2グループの添加物の承認手続きが遅れている場合には、ペナルティが課される可能性があります（後述する「生産者による自己証

明」の受入れ停止）。

２０１９年９月６日に、法令解釈通達が一部改正され、「発酵を助成促進し又は製造上の不測の危険を防止する等専ら製造の健全を期する目的で、仕込水又は製造工程中に加える必要最少限の」物品として、第３グループの添加物として列挙されていた「アルゴン」と「カオリン」が追加されました。これらを使用したＥＵ産ワインの日本への輸入が可能になるとともに、日本国内におけるワイン醸造でもこれらの添加物の使用が可能になります。このうちアルゴンは、窒素、酸素に次いで大気中に３番目に多く存在する気体であり、海外では食品を酸化から守るために広く使われてきました。日本では、ワイン醸造過程でアルゴンの代わりに、窒素や炭酸ガス（ドライアイス）を使っていましたが、アルゴンが使えるようになることで、ワイン醸造がより効率的になると期待されています。

従来のＥＵ向け輸出手続き

これまで、日本ワインをＥＵに輸出するのは、容易では

日欧ＥＰＡにより、ＥＵ産ワインの関税が撤廃されたが、同時に、日本ワインのＥＵへの輸出手続きが大幅に緩和された

ありませんでした。EUが承認した検査機関による証明が必要で、また、EUワイン法の定める補糖基準などに適合するワインでなければ、輸出することができませんでした。ところが、日欧EPAでは、**EUへのワイン輸出手続きが大幅に緩和**されました。

EUワイン法は、EU域内に向けて1貨物あたり100リットルを超えるびん詰ワインなどを輸出する場合には、当該ワイン生産国の公的機関が発行した証明および分析報告などを当該貨物に添付することを義務付けています。日本では、独立行政法人　酒類総合研究所が、欧州委員会に登録された証明書・分析報告書発行機関として、これらの書類の発行業務を2007年11月から実施してきました。しかし、1ロットあたり2万7100円の費用がかかるほか、EUワイン法の定める基準に適合するワインを醸造する必要があり、生産者には重い負担となっていました。

EUワイン法の基準によると、補糖による増加可能な天然アルコール濃度は、甲州種で3パーセント、その他の品種では2パーセントが上限(山梨県甲州市の場合。ただし、気象条件が例外的な年には、甲州種で3・5パーセント、その他の品種では2・5パーセントが上限）で、かつ、補糖後の総アルコール濃度は白ワインでは

12パーセント、赤ワインでは12・5パーセントを超えてはなりません。さらに、総酸度は、酒石酸換算で1リットルあたり3・5グラム以上、揮発酸は、赤ワインが1リットルあたり20ミリ当量以下、白・ロゼワインが18ミリ当量以下、二酸化硫黄は、赤ワインで1リットルあたり150ミリグラム以下、白・ロゼワインでは200ミリグラム以下（いずれもの転化糖換算糖度1リットルあたり5グラム未満の場合）といった基準も満たす必要があります。補酸や除酸についても、EU法の定める基準を満たさなければなりません。

EUで認められた日本ワインの醸造法

日欧EPAによる日本側の添加物の承認手続きについては、すでに述べましたが、同様に、EU側でも日本の添加物・醸造法が承認されることになりました。

まず、2019年2月1日の協定発効と同時に、以下のような日本ワインの醸造法がEUで承認されました。製法品質表示基準にいう日本ワインに該当するワインであれば、以下の醸造法により醸造されたものであっても、EUでの販売が認められます。日本ワインである限り、EUワイン法の定める基準の一部について、その適用が免除されるということです（附属書2-E第2編第B節）。

第二・二十五条1（b）に規定する第一段階の日本国における醸造法は、次に掲げるものから成る。

（a）補糖

しょ糖、ぶどう糖及び果糖（以下「糖類」という。）による補糖は、適用することができる。ただし、補糖のために使用される糖類の重量（注1＊2）が当初のぶどうの搾汁に含有される糖類の重量を超える場合は、この限りでない。（注2＊3）

（b）補酸及び除酸

補酸又は除酸は、適用することができる。ただし、補酸又は除酸が食品添加物に関する食品規格委員会の一般的な基準3.3（a）に適合していない場合は、この限りでない。（注＊4）

（c）ぶどう品種

いずれの品種（ヴィティス・ヴィニフェラ種と異なる種を含む。）のぶどうも日本ワインを生産するために使用することができる。ただし、これらのぶどうが日本国において収穫される場合に限る。

（以下、脚注＊2～7の注は「附属書2・E第2編第B節」より引用）

＊2「注1　補糖のために使用される糖類の重量は、転化糖として次のとおり表示する。

転化糖の重量＝ぶどう糖の重量＋果糖の重量＋しょ糖の重量×1・05」

＊3「注2　第二章第C節の規定の適用上、欧州議会及び閣僚理事会の規則（EU）第一三〇八・二〇一三号附属書Ⅷ第一編C第七項に規定するところにより、同一の産品に対して補糖及び補酸の両方を適用してはならない。」

＊4「注　第二章第C節の規定の適用上、欧州議会及び閣僚理事会の規則（EU）第一三〇八・二〇一三号附属書Ⅷ第一編C第七項に規定するところにより、同一の産品に対して補酸及び除酸の両方を適用してはならない。」

（d）アルコール分、総酸及び揮発酸の限度

アルコール分の下限は、実アルコール分で一パーセント（容量）とする。アルコール分の上限は、実アルコール分で十五パーセント（容量）未満とする。ただし、補糖なしで生産された日本ワインについては、アルコール分の上限は、実アルコール分で二十パーセント（容量）未満とすることができる。総酸及び揮発酸については、限度を課さないものとする。

（e）仕上げの工程

（i）ブランデー（注1[*5]）、甘味料（糖類又は日本国において収穫されたぶどうの搾汁若しくは濃縮搾汁の形態のもの）又は日本ワインについては、発酵後の日本ワインに加えることができる。ただし、当該発酵後の日本ワインについては、容器を替えることなく直接運送するための容器において発酵させた場合に限る。加えられた糖類の重量（注2[*6]）は、当該ブランデー、甘味料又は日本ワインを加えた後の日本ワインの総重量の十パーセントを超えてはならない。

（ii）甘味料（日本国において収穫されたぶどうの搾汁又は濃縮搾汁の形態のもの）については、発酵後の日本ワインに加えることができる。ただだ

＊5「注1　第二章第C節の規定に基づく仕上げの工程で使用されるブランデーは、ぶどう（ぶどうかす及びぶどうの濃縮搾汁を含む。）から製造されるものとし、また、欧州委員会規則（EC）第六〇六・二〇〇九号附属書I-Aにおいて承認されている物質のみを含有する。」

＊6「注2　加えられた糖類の重量は、転化糖として次のとおり表示する。転化糖の重量＝ぶどう糖の重量＋果糖の重量＋しょ糖の重量×1・05」

し、加えられた甘味料（ぶどうの搾汁又は濃縮搾汁の形態のもの）の糖類の重量が、当該甘味料を加えた後の日本ワインの総重量の十パーセントを超えない場合に限る。

（iii）　甘味料（糖類の形態のもの）については、発酵後の日本ワインに加えることができる。ただし、加えられた糖類の重量（注＊7）が当該糖類を加えた後の日本ワインの総重量の十パーセントを超えない場合に限る。

＊7「注　加えられた糖類の重量は、転化糖として次のとおり表示する。転化糖の重量＝ぶどう糖の重量＋果糖の重量＋しょ糖の重量×1.05」

ＥＵで承認された以上の醸造法のうち、補糖に関しては、これまでもしょ糖による補糖は認められていましたが、ぶどう糖や果糖による補糖は認められていませんでした。補糖の上限についても、甲州種では3パーセントまでしかアルコール濃度を増加することができなかったところ、日本ワインについては、糖類の重量が当初のぶどうの搾汁に含有される糖類の重量に達するまでは補糖が認められることになります。補糖後のアルコール濃度も、実アルコール分で15パーセントに収まればよいことになっています。総酸度の下限や揮発酸の上限に関する基準も日本ワインには適用されません。発酵後に糖類の形態の甘味料を加えることはＥＵ法では認められていませんでしたが、これも日本ワインについては承認されることになりました。

今後EUで認められる添加物

同様に、日欧EPAにより、日本で認められている以下の添加物が、今後、段階的にEUで承認されることになっています。

協定第2・26条第1項は、「欧州連合は、附属書二-E第二編第C節に掲げる醸造法を承認するため迅速に必要な手段をとり、及びその承認のための自国の手続が完了した旨を日本国に通告する」とし、附属書2-E第2編第C節には、柿タンニン、微小繊維状セルロース、フィチン酸、L-アスコルビン酸ナトリウム、カゼインナトリウムの5つが掲げられています。これは、第二段階に位置付けられるもので、日本側の第2グループの添加物承認手続きに対応します。

また、協定第2・27条第1項は、「欧州連合は、附属書二-E第二編第D節に掲げる醸造法を承認するため必要な手段をとり、及びその承認のための自国の手続きが完了した旨を日本国に通告する」とし、附属書2-E第2編第D節には、酸性リン酸カルシウムなど20種の添加物が列挙されています。この手続きは、第三段階に位置付けられており、日本側の第3グループの添加物承認手続きに対応します。

生産者による自己証明

前述のように、これまでは、ＥＵ域内に向けて1貨物あたり１００リットルを超えるびん詰ワインを輸出する場合には、酒類総合研究所が発行した証明書・分析報告書を添付しなければなりませんでした。ところが、ＥＰＡ発効により、日本ワインについては、この手続きが大幅に緩和されました。協定第２・28条は、

日本国の法令の範囲内で認証された証明書（日本国の権限のある当局によって承認された生産者が作成する自己証明書を含む。）は、日本国を原産とするぶどう酒産品の欧州連合における輸入及び販売のための要件（前三条に定めるもの）が満たされた証拠となる文書として十分なものと認められる。

と規定しています。したがって、ＥＵにおける輸入・販売のための要件が満たされていることは、「日本国の権限のある当局によって承認された生産者が作成する自己証明書」をもって証拠とすることができます。これには、輸出の都度、迅速な証明が可能であることのほか、従来必要であった酒類総合研究所への費用が後述の

手数料を除いて不要になるというメリットがあります。

生産者が自己証明書を作成するためには、あらかじめ、酒類総合研究所から、自己証明製造者として承認を受け（要手数料）、EUへの通報後、EUのウェブサイトに公表される必要があります。また、実アルコール分、総亜硫酸および総酸について、証明の都度、EUの定める方法にしたがい自ら分析を行う必要があり、分析値の正確さを確保する観点から、酒類総合研究所が実施する技能試験を、3年に1回受験しなければなりません（要手数料）。

生産者の自己証明書をもってEUでの販売を認める優遇措置は、日本側による添加物の承認手続きが遅れた場合には、そのペナルティとして、一時的に停止される可能性があります（協定第2・29条第3項）。

自己証明書以外による証明方法として、酒類総合研究所による証明も可能です。発行費用は、これまでの証明書・分析報告書より大幅に軽減（1通5200円）されていますが、輸出の都度、証明を申請しなければならず、自己証明と比較して多少の時間を要することになります。また、

EPA発効後も、720mℓのボトルではEUに輸出することができない

申請に際し、誓約書や「日本ワイン醸造行為に関する表明書」など証明に必要な書類、ワイン0・75リットル1本を送付しなければなりません。

残された規制

日欧EPAにより、日本ワインについては、大幅に輸出手続きが緩和されましたが、いくつか重要な規制は維持されています。そのひとつが**容器容量規制**です。EU法では、100ミリリットル以上、1500ミリリットル以下のワインボトルについては容量規制があり、一般のスティルワインについては、100、187、250、375、500、750、1000、1500ミリリットルのいずれかの容量でなければなりません（フランスの「ヴァン・ジョーヌ」については例外的に620ミリリットル）。また、スパークリングワインについては、125ミリリットル以上、1500ミリリットル以下が規制の対象で、125、200、375、750、1500ミリリットルの5種類が認められています。日本で広く使われている720ミリリットル、360ミリリットルのボトルのワインは、EU

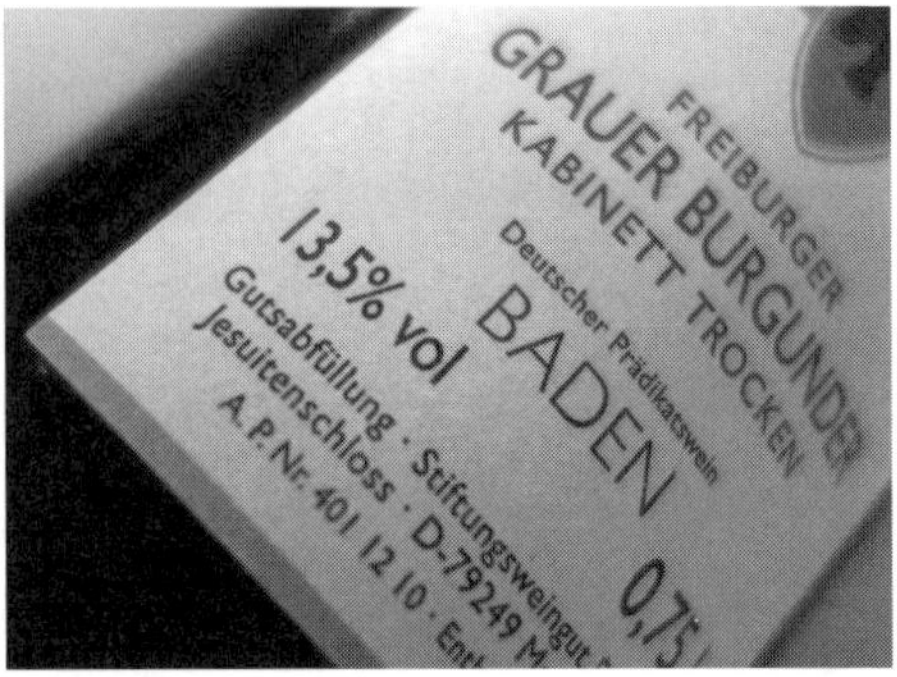

EUでは0.5%きざみでアルコール分が表示される

では販売することができません。

「同一の産品」に、補糖と補酸、または補酸と除酸を行うことはできないという規制もあります。もっとも、ぶどう果汁と、その果汁から製造されたワインは「同一の産品」とはみなされません。したがって、果汁に補糖し、また、その果汁から製造されたワインに補酸することは認められます。

前述のように、総酸度や揮発酸の基準は課されないことになりましたが、亜硫酸については、ＥＵ法の定める基準が維持されます。日本では、ワインのタイプにかかわらず、一律１キログラムあたり３５０ミリグラムが亜硫酸の上限と定められていますが、ＥＵではワインのタイプごとに異なる上限が設けられています。また、**アルコール分の表示**は、ＥＵで定められた方法（測定温度20℃）により分析した値にもとづき、０・５パーセントきざみで表示しなければなりません。

補酸、除酸、おり下げなどに使用する食品添加物は、前述のように今後段階的にＥＵで認められていく形になりますが、ＥＵにおいて認可されるまでは、すでに認可ずみのものを使用する必要があります。

変化するワイン市場

本書では、2015年に国税庁が定めた製法品質表示基準とワインの地理的表示制度を中心に、日本のワイン法を詳しく見てきました。

フランスワインが幅をきかせていた日本のワイン市場は、ここ十数年で大きく変化しました。輸入ワインが、日本におけるワイン販売数量の3分の2を占めている状況は以前と同じですが、国別に見ると、長らくトップを維持してきたフランス産ワインは輸入数量の首位から転落。2015年には、コストパフォーマンスの良さで人気を集めるチリ産ワインが輸入数量第一位になっています。ワインの消費スタイルも変わりました。ワインは日常的なアルコール飲料になり、気軽に楽しむことのできる機会が増えているように思います。少子高齢化や若者のアルコール離れ、飲酒運転厳罰化などの影響で酒類の消費が全般的に落ち込む中、酒類業界関係者からは、ワインは比較的健闘しているという話も耳にします。

かつてニッチな存在にすぎなかった日本ワインが、ワイン市場においても、ひとつのジャンルとして認識されるようになったのも重要な変化のひとつです。ここ数年、毎年30軒程度の勢いで、新しいワイナリーが全国各地に誕生し、ワイン用ぶどう栽培やワイン醸造を志す人も増えています。大手ワインメーカーも畑を拡張したり、ワイナリーを新設するなど、生産拡大に向けて積極的に動いています。

最近では、海外のメディアでも日本ワインが取り上げられるようになって、徐々に認知度は上がってきているようです。政府が日本産酒類の海外輸出の促進に取り組んでいることもあって、日本ワインの輸出は、少ないながらも年々増加していきます。本書で見てきた２０１５年以降のワイン法の整備は、日本ワインの海外における評価や輸出にとってプラスになることが期待されています。

日本ワインは、注目を集めるようになったとはいえ、量的にいえば、ワイン販売数量の３分の１を占める「国内製造ワイン」の中で、その２割程度にとどまります。日本におけるワイン販売量全体からすると、わずか４～５パーセントにすぎません。消費される圧倒的多数のワインは輸入ワインや輸入原料を用いたワインです。日本が「ワインの純輸入国」であることには変わりありません。

海外のワイン生産国にとって、日本は大変魅力的な「ワイン消費国」です。もちろん、ワインの輸入数量、輸入金額において日本が重要な位置を占めているのは間違いありませんが、今の日本が「安心してワインを輸出できる国」であるということも指摘しておきたいと思います。

日本で「保護」される海外のワイン

どうして、今の日本は「安心してワインを輸出できる国」なのでしょうか。それは、海外のワインが日本で「保護」されるからです。

ここで「保護」というのは、海外で保護されている地理的表示やブランドの不正な使用が、日本では禁止されているということです。稀に有名なワインやシャンパーニュの偽物が輸入されて摘発されることがありますが、少なくとも偽物が堂々と売られていることはありません。

アメリカでは、「カリフォルニア・シャンパン」、「カリフォルニア・シャブリ」など、フランスの有名産地（シャンパーニュやシャブリ）にあやかったワインも販売されています。「セミ・ジェネリック」と呼ばれるものですが、そのようなワインを日本で販売することは禁じられており、輸入することもできません。「赤玉ポートワイン」が、ポルトガルの原産地呼称の侵害にあたるおそれがあるため、「赤玉スイートワイン」に商品名を変更したのは１９７３年。今から45年以上も前のことです。

ワイン以外の商品に海外の有名産地名を使うことも、日本では難しくなってきています。「ソフトシャンパン」と呼ばれていた乾杯飲料は、１９７２年におなじみの

「シャンメリー」に改名され、現在にいたっています。「ロマ・ネコンブ」と称して販売されていた酢昆布は、いつの間にか「ワイン・ビネガー・ネコンブ」に商品名が変わっていました。商品ではありませんが、最近では、「Champagne（シャンペイン）」を名乗っていたバンドが、２０１４年に「Alexandros（アレキサンドロス）」にバンド名を変更した例があります。

他方で、有名産地名・生産者名が、飲食店、風俗店、はたまた賃貸マンションの名称として使われる例は少なくありません。インターネットで検索すると、およそワインとは無関係な、さまざまなウェブサイトがヒットします。これを放置しているとイメージ悪化につながるおそれもありますが、フランスでも原産地呼称（ボルドー、ブルゴーニュなど）がレストランやホテルの名称として使われるケースは珍しくありませんので、実際に取り締まるのは難しいのかもしれません。

日欧ＥＰＡによる相互保護

２０１５年以降、日本ワインの定義やラベル表示のルールが定められ、また、「山梨」につづいて「北海道」が地理的表示に指定されましたが、原則として、日本のワイン法が適用されるのも、日本の地理的表示が保護されるのも、日本国内に限られます。しかし、海外における認知度が上がり、輸出が増加すればするほど、海外において、日本ワインのブランドや地理的表示を保護する必要性が高まります。

日本の地理的表示を海外で保護するには、二国間または多国間の協定による相互保護が不可避です。日欧ＥＰＡでは、ＥＵ加盟国の酒類の地理的表示１３９件が日本で保護され、また、日本の酒類の地理的表示のうち、ワインの山梨、焼酎の壱岐、球磨、薩摩、琉球、清酒の日本酒、白山、山形の合計８件がＥＵでも保護されることになりました。２０１８年に国税庁長官に指定されたワインの北海道および清酒の灘五郷については、ＥＰＡの地理的表示リストには間に合いませんでしたが、今後の改定により、ＥＵでも保護されることになるでしょう。

日欧ＥＰＡでは、酒類以外の地理的表示の相互保護も盛り込まれています。日本では、２０１４年に地理的表示法（特定農林水産物等の名称の保護に関する法律）が制定され、酒類の地理的表示制度から20年も遅れた形で、食品や農林水産物（特定農林水産物等）の地理的表示保護制度が導入されたところですが、２０１５年12月から２０１９年９月までの間に、外国の地理的表示１件（プロシュットディパルマ）を含む、合計86件もの地理的表示が登録されています。酒類の地理的表示については、１９９４年の制度導入以来25年が経過しているにもかかわらず、いまだに

10件の指定にとどまっているのと比較すると、わずか3年半あまりで80件以上の「特定農林水産物等」の地理的表示が登録されたのは、特筆すべきことかもしれません。

２０１４年の地理的表示法は、食品や農林水産物などの「特定農林水産物等」のみを対象とし、ワインなどの酒類には適用されませんが、この法律が制定されたのは、まさしく日欧ＥＰＡ交渉のひとつの重要な成果だといわれています。２０１９年2月1日、ＥＰＡ発効と同時に、フランスの「ロックフォール」やギリシャの「フェタ」など、合計71件のＥＵ加盟国の地理的表示が地理的表示法にもとづいて指定され、日本においても保護を受けることになりました。また、ＥＵにおいても、日本の地理的表示のうち、「神戸ビーフ」や「夕張メロン」など48件が保護されることになっています。

ＥＵ以外でも保護が必要

日本の酒類や農林水産物は、ＥＵ加盟国だけでなく、その他の国々にも輸出されています。日本の地理的表示はＥＵ以外の国々においても保護されるべきものです。

メキシコおよびペルーにおいては、それぞれの国との二国間協定にもとづき、壱岐、球磨、薩摩、琉球が保護され、チリにおいては、薩摩が保護されています。しかし、これらの国との協定には、日本ワインの地理的表示は含まれていません。メキシコとの協定は２００５年、ペルーとの協定は２０１２年、チリとの協定は２００７年に発効したもので、いずれも地理的表示「山梨」の指定以前です。

他方で、農林水産物の地理的表示に関しては、農林水産省において相互保護に向けた取り組みが進められているようです。タイとの間では、２０１７年３月、農林水産省とタイ王国商務省知的財産局が、地理的表示の重要性および地理的表示の相互保護の必要性について認識し、相互保護に向けた協力を開始することで合意にいたっています。その協力内容として、①相互のＧＩ保護の法規、保護の運用等についての情報交換、②ＧＩ産地の相互訪問、③ＧＩ産品を相互に申請し保護する試行的事業の実施、の３点が農林水産省のプレスリリースに掲載されています。これを受けて、タイにおいては、日本の地理的表示のうち、「神戸ビーフ」、「但馬牛」、「夕張メロン」、「市田柿」、「東根さ

バンコクのデパートで販売されているＧＩ北海道のワイン。タイではまだ日本ワインのＧＩは保護されていない

くらんぼ」の登録に向けた手続きが進められています。同様に、タイの地理的表示のうち、コーヒーの「Doi Tung Coffee」および「Doi Chaang Coffee」、パイナップルの「Pineapple Hauymon」の登録が日本側で進められる見込みです。

ベトナムについても、２０１７年６月に、日本の農林水産省食料産業局とベトナムの国家知的財産庁が「地理的表示に係る協力覚書」の署名を行っています。２０１９年６月には、ベトナムの地理的表示である、「ブオン・マ・トゥオット コーヒー」、「ルックガン ライチ」、「ビントゥアン ドラゴンフルーツ」の３件について、日本における地理的表示の登録申請が行われました。

しかし、ＥＵ諸国に比べると、東アジアおよび東南アジアの国々における地理的表示の保護はまだ十分ではなく、侵害事例も少なくありません。酒類についても、農林水産物についても、相互保護に向けた取り組みを迅速に進めていく必要があるといえるでしょう。

非GIワインのあやうさ

日本において地理的表示に指定された産地の呼称は、日本国内において保護されるだけでなく、日欧ＥＰＡや中南米諸国との二国間協定などの締結により、海外においても保護を受ける可能性があります。これに対して、地理的表示ワインではない、たんなる地名表示ワインについては、保護を受けることができず、海外において勝手に日本の地名が使用された場合に対処することは容易ではありません。したがって、海外において日本の産地の呼称の保護を要求するためには、まず日本国内で、その呼称をしっかり保護しておくことが必要です。そのための制度として、地理的表示制度を積極的に活用していくべきでしょう。

繰り返し述べてきたように、2015年の製法品質表示基準によって、日本ワインおよび国内製造ワインのラベル表示ルールが整備されましたが、この基準はワインの品質について定めるものではありません。ある場所で収穫されたぶどうを85パーセント以上使用し、収穫地で醸造すれば、原料ぶどうやワインの品質に関係なく、その地名を名乗ることができます。

かつて、1935年のAOC法以前のフランスでは、原産地呼称を名乗る要件として地理的要件のみが課され、原料ぶどうやワインの品質に関する要件は課されていませんでした。その結果、高級ワインの生産には向いていない品種の使用や、ぶどう栽培には不適切な場所で栽培されたぶどうの使用が横行し、有名産地を名乗る低品質ワインが市場に大量に溢れ、産地の評価が損なわれるという事態が発生しました。そこで、原産地呼称を名乗るためには、使用品種を限定し、１ヘクタールあたりの収量、最低アルコール濃度など品質にかかわる要件を盛り込むべきだという認識が広まり、１９３５年のＡＯＣ法によって、「コントロールされた」原産地呼称、すなわち「アペラシオン・ドリジーヌ・コントロレ」が誕生することになったのです。

製法品質表示基準下の一般の地名表示ワインは、１９３５年以前のフランスの「コントロールされていない」原産地呼称と似たような状況に置かれています。地理的要件のみが課され、原料ぶどうやワインの品質に関する要件が課されていないからです。もし、ワイン生産者の数が限られていて、産地内の生産者同士によるチェックが機能すれば、それでもある程度は品質が確保されるかもしれませんが、年々ワイナリー数が増加する中で、品質上問題のあるワインが造られ、その産地名を名乗って販売されることは、残念ながら大いに想定されるといわなければなりません。地理的表示ワインの場合は、そのようなワインがＧＩを名乗ることを防ぐことができますが、そうではない一般の地名表示ワインについては、防ぎようがないのです。

日本のワイン法の課題

日本のワイン法は、ことラベル表示に関しては、他の主要ワイン生産国と肩を並べる、国際的にも通用しうるものになりました。まったく業界自主基準にゆだねられていた数年前までと比べると、驚くべき進展だといってよいかもしれません。しかし、前述のように、今のところ一般の地名表示には品質要件は含まれておらず、また、「日本ワイン」の定義からも品質概念は抜け落ちてしまっています。国内においても、海外においても、日本ワインが評価されるためには、その品質こそが重要であることはいうまでもありません。

ワインは国際商品であり、日本ワインも世界に通用する品質を備えていることが求められます。今後の日本のワイン法の課題として、日本ワインの品質を担保する法制度を構築することが重要です。現時点では時期尚早かもしれませんが、地理的表示「日本酒」が指定された例を参考に、地理的表示「日本ワイン」を指定し、一定の品質要件を日本ワインに求めることもひとつの案として検討していくことは可能でしょう。

地理的表示ワインについても、現状の「山梨」、「北海道」の生産基準は、EUのAOPなどに比較して厳格なものとはいえず、不十分であるといった辛口の評価を耳にします。今後、既存のＧＩも、数年ごとに基準を見直し、品質向上を図っていくことが課題となるものと思われます。さらに、既存のＧＩ内に、より限定され、ＡＯＰ並みに生産基準の厳しいＧＩを設けることも必要になってくるでしょう。

ＯＩＶ（国際ぶどう・ワイン機構）への加盟も早急に実現すべきでしょう。日本はワインの重要な消費国であるとともに、生産国ですが、いまだにＯＩＶに加盟していません。ＯＩＶを介して他の生産国と技術交流・情報交換を行うことは、日本ワインの品質向上に大いに寄与するはずです。ＯＩＶに対して、日本のワイン生産・ワイン市場に関する正確な情報を提供していくことも必要です。また、日本がＯＩＶ基準の策定にかかわり、グローバルスタンダードの形成に積極的に参加することも、ワイン生産国の責務として期待されています。日本は、ＯＩＶ加盟によって、生産国の一員として世界に認められるとともに、国際的なワインのルール作りに関与すべき時期にきているのです。

おわりに

２００９年12月に『世界のワイン法』（日本評論社）という本を山本博先生、髙橋梯二先生との共著で出版しました。ワイン法に焦点をあてた日本で最初の本でした。それからちょうど10年を経て、本書『日本のワイン法』の出版が実現しました。

この10年間、日本のワイン法をめぐる状況は大きく変わりました。なかでも２０１４年に『はじめてのワイン法』（虹有社）を出版してからの５年間は、「ワイン法の革命」といってもよいほどの変化が起こり、ワイン関係の法整備が急ピッチで進められました。「日本にはワイン法がない」といわれた時代はもはや過去のものとなりました。

10年前は、日本の法律家の間では、そもそもワイン法の存在すら知られていませんでした。ワイン法の研究は「趣味の延長」程度にしか評価されない風潮があり、その意義を理解してもらうのに大いに苦労したことを記憶しています。しかし、近年では、ワイン業界はもちろんのこと、法律家の間でも、ワイン法の重要性が認識されるようになってきました。２０１９年９月に、日本とフランスの弁護士会による大規模な国際セミナーが東京で開催されたのですが、そこでは、特別にワイン法のセッションが設けられるなど、とくに実務家の間でワイン法への関心が高まっていることに驚きました。ワイン法の根幹とでもいうべき原産地呼称制度に由来する地理的表示（ＧＩ）についても、多くの論文や著書が出され、各地で学際的な共同研究が進められています。

ところが、現在でも、法学部の常設的な講義科目として「ワイン法」を開講しているのは明治学院大学だけのようです。法律学は概して保守的な学問ですので、今後も、ワイン法のような科目を開講できる大学は多くはないでしょう。そのおかげで、全国からワイン法を学びたいという学生が集まり、授業履修者の数も１００名を超えるまでになりました。

ワイン法において取り扱われる領域は幅広く、一冊の本で、そのすべてを網羅することはけっして容易ではありません。本書では、ラベル表示や地理的表示について詳しい説明を試みましたが、ワインの販売や流通に関する法律上の問題にはほとんど触れることができませんでした。また、ワイン法の理解を深めるためには、ワイン法が生まれた背景やその歴史的意義を知ることが必要です。しかし、この点も本書では十分に論じることができませんでした。前述の『はじめてのワイン法』や『ワイン法』（講談社、２０１９年）を読んでいただけましたら幸いです。

さらに、ワインは国際商品であり、ワイン法を学ぶうえで、グローバルな視点を欠くことはできません。このまま国内の飲酒人口が減っていくならば、いずれは多くのワイナリーが海外輸出を真剣に考えなければならなくなるでしょう。そうなると、日本のワイン法だけでなく、海外のワイン法や地理的表示法の知識がぜひとも必要になってきます。しかし、いまなおＯＩＶに加盟していない日本は、こうした情報を入手するうえで不利な立場に置かれています。

本書の執筆には、２０１６年頃からすでに取りかかっていたのですが、時を同じくして法学部に「グローバル法学科」を新設することが決まり、その設立準備に多くの時間を費やさざるをえなくなったこともあって、たびたび執筆が滞ってしまいました。とはいえ、２０１５年から２０１９年までの間、ラベル表示基準や地理的表示制度の運用状況を観察することができ、加えて、２０１９年に発効した日・ＥＵのＥＰＡに関する情報も本書に盛り込むことができました。ちなみに、グローバル法学科の第1期生は、本書をテキストとして、ゼミや講義（いずれも3年次配当）でワイン法を学ぶ最初の学年となります。

今回も、虹有社の中島規美代さんには、本書の出版を快く引き受けていただくとともに、筆者の拙い原稿を丁寧にチェックしていただいたおかげで、初学者がひとりで読んでも理解することができる本に仕上がりました。また、ワイン法を学んでいる明治学院大学法学部の学生諸君からも、執筆過程で、数々のアドバイスやアイディアを得ることができました。この場を借りて、みなさまに心より御礼申し上げます。

２０１９年12月

成田空港にて　　蛯原健介

参考文献

（著者名の五十音順で掲載）

・飯島隆「日EU・経済連携協定（EPA）における酒類にかかる交渉結果について」『日本醸造協会誌』113巻10号（2018）
・植原宣紘＝山本博『日本のブドウ　ハンドブック』（イカロス出版、2015）
・蛯原健介「山梨県産ワインの輸出に関するEU法上の諸問題―ラベル表示規制の紹介を中心として」『明治学院大学法科大学院ローレビュー』13号（2010）
・蛯原健介「日本におけるワイン法制定に向けた検討課題―EUワイン法から何を学ぶか」『明治学院大学法律科学研究所年報』27号（2011）
・蛯原健介「ワイン法の立法構想に関する若干の提言―日本のワイン産業・農業を支えるために必要な規定について」『明治学院大学法学研究』91号（2011）
・蛯原健介「地理的表示『山梨』の指定について―法令により保護された日本初のワイン産地」『明治学院大学法学研究』97号（2014）
・蛯原健介『はじめてのワイン法』（虹有社、2014）
・蛯原健介「日本におけるワイン法整備の課題」『法学セミナー』718号（2014）
・蛯原健介「地理的表示の意義と可能性―なぜ産地をまもる制度が必要なのか」『明治学院大学法学研究』99号（2015）
・蛯原健介「新しいラベル表示基準と『日本ワイン』の課題―国税庁告示『果実酒等の製法品質表示基準を定める件』をめぐって」『明治学院大学法学研究』101号上巻（2016）
・蛯原健介「ワインの地理的表示に関する新しい基準について―『酒類の地理的表示に関するガイドライン』の紹介を中心として」『明治学院大学法学研究』102号（2017）
・蛯原健介「産地の範囲が重複する酒類の地理的表示について―『日本版AOCワイン』の可能性」『明治学院大学法学研究』104号

（２０１８）
・蛯原健介「グローバル法学科におけるワイン法教育の意義―ワイン市場のグローバル化から考える」『明治学院大学法学研究』１０５号（２０１８）
・蛯原健介「百周年を迎えるフランスの原産地呼称法―その歴史から日本は何を学ぶのか」藤野美都子・佐藤信行編『憲法理論の再構築』（敬文堂、２０１９）所収
・蛯原健介「日本ワインの地理的表示制度の活用に向けて―制度普及のための課題」『明治学院大学法学研究』１０７号（２０１９）
・蛯原健介『ワイン法』（講談社、２０１９）
・大塚謙一ほか『ワインの事典　新版』（柴田書店、２０１０）
・鹿取みゆき『日本ワインガイド　純国産ワイナリーと造り手たち』（虹有社、２０１１）
・鹿取みゆき『日本ワイン　北海道』（虹有社、２０１６）
・齋藤浩・望月太「ワイン産地として地理的表示『山梨』が指定される」『日本醸造協会誌』１０９巻２号（２０１４）
・高田清文ほか「マスカット・ベーリーAのOIV登録―その背景と種苗特性調査」『日本醸造協会誌』１０９巻９号（２０１４）
・髙橋梯二「ワインの地理的表示『山梨』の意義―ワインづくりの思想の形成と国際的枠組みへの参入」『日本醸造協会誌』１０９巻１号（２０１４）
・髙橋梯二『農林水産物・飲食品の地理的表示』（農山漁村文化協会、２０１５）
・髙橋梯二ほか『日本のワイン　WINES of JAPAN』（イカロス出版、２０１７）
・髙橋梯二「ワインの地理的表示とは何か―日本のワイン生産におけるその意義は」『日本醸造協会誌』１１４巻８号（２０１９）
・高原千鶴子「農林水産物の地域ブランド―酒類の地理的表示について」『発明』１１６巻６号（２０１９）
・田中誠二編『酒類の表示制度ハンドブック』（大蔵財務協会、２０１８）
・戸塚昭・東條一元編『新ワイン学』（ガイアブックス、２０１８）
・富川泰敬『図解酒税　令和元年版』（大蔵財務協会、２０１９）

・仲田道弘『日本ワイン誕生考　知られざる明治期ワイン造りの全貌』（山梨日日新聞社、２０１８）
・農文協編『ブドウ大事典』（農山漁村文化協会、２０１７）
・蓮見よしあき『ゼロから始めるワイナリー起業』（虹有社、２０１３）
・蓮見よしあき『はじめてのワイナリー　はすみふぁーむの設計と計算』（左右社、２０１７）
・三木義一編『うまい酒と酒税法』（有斐閣新書、１９８６）
・宮葉敏之編『改正酒税法等の手引　平成30年版』（大蔵財務協会、２０１８）
・村上安生「国際的視点からみたワインに関する日本の法的規制について」『日本醸造協会誌』１０２巻5号（２００７）
・望月太「ワインにおける地理的表示『山梨』の指定とその経済効果」『明日の食品産業』２０１４年9月号（２０１４）
・山本博・髙橋梯二・蛯原健介『世界のワイン法』（日本評論社、２００９）
・山本博監修『最新ワイン学入門』（河出書房新社、２０１６）

日本のワイン法

2020年1月29日　第1刷発行

著者　蛯原 健介

装丁・デザイン　菅家 恵美

発行者　中島 伸
発行所　株式会社 虹有社《こうゆうしゃ》
〒112-0011 東京都文京区千石4-24-2-603
電話 03-3944-0230
FAX. 03-3944-0231
info@kohyusha.co.jp
https://www.kohyusha.co.jp/

印刷・製本　モリモト印刷株式会社

ISBN978-4-7709-0076-0